I0040459

RECHERCHES

SUR LA

RÉDUCTION DES NITRATES

PAR LES INFINIMENT PETITS

PAR

MM. U. GAYON ET G. DUPETIT

NANCY

IMPRIMERIE BERGER-LEVRAULT ET Cie

11, rue Jean-Lamour, 11.

1886

RECHERCHES

SUR LA

RÉDUCTION DES NITRATES

PAR LES INFINIMENT PETITS

NANCY. — IMPRIMERIE BERGER-LEVRAULT ET Cie.

STATION AGRONOMIQUE DE BORDEAUX

RECHERCHES

SUR LA

RÉDUCTION DES NITRATES

PAR LES INFINIMENT PETITS

PAR

MM. U. GAYON ET G. DUPETIT

NANCY

IMPRIMERIE BERGER-LEVRAULT ET Cie

11, rue Jean-Lamour, 11.

1886

RECHERCHES

SUR LA

RÉDUCTION DES NITRATES

PAR LES ORGANISMES MICROSCOPIQUES

PAR

U. GAYON et G. DUPETIT

1. La réduction plus ou moins complète de l'acide des nitrates, à l'état d'acide nitreux, de bioxyde d'azote, de protoxyde d'azote ou d'azote, a été signalée par plusieurs observateurs dans les eaux de drainage, dans la terre végétale et dans diverses fermentations. Il ne s'agit ici, à l'exclusion des décompositions purement chimiques, que des réactions qui se passent entre certaines limites de température et en présence de matières organiques.

2. 1° *Acide nitreux.* — Des nitrites ont été trouvés dans l'azotate de soude du Chili par Schœnbein[1], dans les eaux de drainage par MM. Lawes et Gilbert[2], dans la terre végétale par le colonel Chabrier[3] qui en a étudié avec beaucoup de soin le rôle et les variations, mais ces auteurs n'ont déterminé exactement ni leur origine ni leur mode de formation. Plus tard, M. Meusel a observé la transformation des nitrates en nitrites dans les eaux naturelles[4], et fait

---

1. *Rép. de chimie pure,* t. IV, p. 248. 1862. — Nous montrerons bientôt, dans un mémoire spécial, que la proportion des nitrites dans les nitrates de soude naturels peut s'accroître sous l'influence des infiniment petits, et déterminer certains accidents de fabrication dans les usines où l'on prépare le salpêtre par double décomposition chimique.

2. Rothamsted. *Trente années d'expériences agricoles,* p. 163.

3. *Annales de chimie et de physique,* 5e série, t. XXIII, p. 161. 1871.

4. *Journal de pharmacie et de chimie,* 4e série, t. XXII, p. 430. 1875.

voir que certaines substances, comme l'acide phénique, l'acide salicylique, l'acide benzoïque, l'entravent, tandis que d'autres, comme
la cellulose, le sucre, l'alcool, la favorisent. Ce savant est le premier
qui ait attribué la formation d'acide nitreux à la présence des
bactéries.

Nous avons vérifié l'exactitude des observations de M. Meusel et
constaté que les nitrites apparaissent presque toujours, si on laisse à
l'air libre un bouillon tenant en dissolution de l'azotate de potasse
ou de soude ; le liquide se trouble, se peuple d'organismes microscopiques et donne rapidement les réactions de l'acide azoteux.

3. Pour caractériser cet acide, nous avons employé soit l'iodure
de potassium amidonné et l'acide acétique, soit le chlorhydrate de
métaphénylène-diamine [1]. La première méthode donne, dans les solutions un peu concentrées, un précipité bleu.qui se prête mal à des
dosages comparatifs; la seconde, au contraire, donne une coloration
rouge-brun très limpide et propre aux observations colorimétriques.
Pour les dosages, nous avons utilisé cette dernière réaction et com-
paré, à l'aide du colorimètre Laurent, la couleur due au liquide
étudié avec celle fournie par une solution titrée d'azotite de potasse pur.

Voici les volumes relatifs et la composition des solutions qui nous
ont donné les meilleurs résultats :

Pour la teinte type, on met dans une fiole de 25 centimètres
cubes :

> 1 centimètre cube de solution de chlorhydrate de métaphénylène-dia-
> mine à 1/2 p. 100 ;
> 1/2 centimètre cube d'une solution de nitrite de potasse à 5 grammes
> par litre ;
> 5 gouttes d'acide acétique pur ;

et l'on complète le volume avec de l'eau distillée.

En remplaçant la solution de nitrite de potasse par 1/2 centimètre
cube du liquide à essayer, on obtient la teinte qui doit être com-
parée à la précédente.

---

1. Procédé Tiemann et Preusse (*Berichte der deutschen Chemischen Gesellschaft*,
t. XI, p. 624. — *Journal de pharmacie et de chimie*, 4ᵉ série, t. XXIX, p. 195. 1879.

4. Le microbe qui, dans nos expériences, a produit le plus de nitrites[1], est un être anaérobie, constitué par de très petits bâtonnets mobiles formant peu de spores. Vu la difficulté de le séparer spécifiquement des autres micro-organismes de mêmes dimensions, nous le désignons seulement par la lettre *a*.

Si l'on sème une trace infiniment petite de ce microbe dans du bouillon additionné de 10 grammes de nitrate de potasse par litre, et renfermé dans des tubes longs et étroits, en présence d'une petite quantité d'air, ou dans une atmosphère d'acide carbonique, ou dans le vide, il s'y développe rapidement à la température de 35 degrés, et trouble le liquide dans toute sa masse, sans dégager la moindre quantité de gaz. En même temps, tout le nitrate se transforme en nitrite; une partie de l'oxygène disparu donne de l'acide carbonique qui se dissout à l'état de carbonate de potasse; le reste de l'oxygène sert au développement du microbe et à des oxydations dont l'étude n'a pas été faite.

Le microbe dont il s'agit se développe mal dans les liquides artificiels.

5. La plupart des organismes microscopiques sont doués de la même propriété réductrice, mais leur action décomposante ne va pas toujours, à beaucoup près, aussi loin. Rarement elle est nulle; nous n'avons en effet trouvé qu'un seul de ces êtres qui, tout en étant capable de vivre dans le bouillon nitraté, n'y donne pas de nitrite.

Parmi ceux qui produisent des nitrites, et que nous avons isolés, nous citerons, outre le microbe *a*, un second microbe *b*, également anaérobie, constitué par des bâtonnets allongés, immobiles, se résolvant rapidement en spores, et deux microbes aérobies : l'un, *c*, formé de longs filaments riches en spores et produisant à la surface des liquides un voile épais et mucilagineux; l'autre, *d*, constitué par de petits bâtonnets immobiles, avec une seule spore dans chaque article, et formant à la surface des liquides une couche continue, peu épaisse et facile à désagréger.

---

1. Nos recherches sur les nitrites ont été résumées dans une note communiquée à l'Académie des sciences, le 26 décembre 1882. — (Voir aussi *Mémoires de la Société des sciences physiques et naturelles de Bordeaux*, 2ᵉ série, t. V, p. XXXVI.)

Ces quatre microbes, cultivés parallèlement dans les mêmes conditions, ont donné les résultats suivants, avec du bouillon contenant 10 grammes d'azotate d epotasse par litre :

	Nitrate transformé en nitrite, par litre, en un jour.
Microbe a.	$9^{gr},6$
— b.	2 ,8
— c.	6 ,8
— d.	5 ,6

6. Nous avons essayé également le microbe du choléra des poules, la bactéridie charbonneuse, le vibrion septique, dont les semences sont conservées à l'état de pureté au laboratoire de M. Pasteur. Nous avons obtenu, avec le bouillon nitraté à 10 grammes par litre :

	NITRATE transformé en nitrite, par litre		
	en 1 jour.	en 3 jours.	en 6 jours.
Microbe du choléra des poules . .	$0^{gr},5$	$2^{gr},3$	$2^{gr},2$
Bactéridie charbonneuse	0 ,1	2 ,0	3 ,4
Vibrion septique	0 ,8	0 ,9	"

On voit qu'avec ces organismes, non seulement la production de nitrite est lente, mais encore qu'elle est limitée à des doses peu élevées et qu'elle est beaucoup moins facile qu'avec les autres microbes.

Il résulte de ce qui précède que l'on ne doit presque jamais trouver dans la nature des nitrates sans nitrites, puisque les germes des infiniment petits sont répandus à profusion dans l'air, la terre et les eaux.

7. Dans des recherches sur les variations de propriétés du ferment nitrique, M. Warington a vu se former de l'acide nitreux au sein de ses cultures, dès que l'épaisseur de la couche liquide devenait un peu grande [1]. On peut expliquer ce fait en admettant que l'oxydation par le même ferment nitrique se fait en deux périodes, dont la première donnerait précisément l'acide nitreux, ou en supposant, avec M. Duclaux [2], que deux ferments, l'un nitreux, l'autre nitrique, s'étaient développés simultanément.

1. *Bulletin de la Société chimique de Paris*, t. XXXIX. p. 614. 1883.
2. Duclaux, *Chimie biologique*, p. 714. 1883.

Nous pensons plus volontiers que les nitrites étaient dus, non à une oxydation partielle de la matière organique, mais à une désoxydation incomplète de l'acide nitrique déjà formé, soit que le ferment nitrique de M. Warington ne fût pas pur, soit, ce qui est moins probable, qu'il eût acquis des propriétés réductrices, en vivant en profondeur, hors de l'oxygène de l'air.

8. 2° *Bioxyde d'azote.* — La formation de ce gaz dans la réduction des nitrates a été signalée pour la première fois en 1868 par M. Th. Schlœsing[1], qui l'a obtenu mélangé avec de l'azote ou du protoxyde d'azote, dans la putréfaction de l'urine et dans la fermentation lactique du sucre, en présence du nitrate de potasse.

Des vapeurs nitreuses, dues à la réaction de l'air sur du bioxyde d'azote apparaissent souvent dans les distilleries, pendant la fermentation des jus de betteraves. M. Reiset et M. Th. Schlœsing[2] ont appelé successivement l'attention sur ce phénomène.

Il n'est pas rare de voir encore, dans certaines usines où l'on distille les mélasses de betteraves, de grosses bulles, de plusieurs décimètres de diamètre, venir crever à la surface des cuves de fermentation et former comme un nuage de vapeurs rutilantes. Dans ces cas, le rendement en alcool est toujours diminué. Si l'on observe au microscope une goutte du liquide sucré, on voit que la levûre alcoolique est rare, granuleuse, peu bourgeonnante, et souillée d'une infinité de microbes les plus variés. Ceux-ci nuisent au développement de la levûre, déterminent des fermentations secondaires et décomposent les nitrates contenus normalement dans les mélasses. M. Reiset a montré qu'on atténue ces accidents de fabrication[3] en ajoutant un excès d'acide dans les cuves.

9. On reproduit assez facilement les conditions où se forme le bioxyde d'azote, en mettant dans une étuve des flacons pleins de jus

---

1. *Comptes rendus*, t. LXVI, p. 237. — *Journal de pharmacie et de chimie*, 4ᵉ série, t. VIII, p. 213. 1868.

2. *Comptes rendus*, t. LXVI, p. 177. — *Journal de pharmacie et de chimie*, 4ᵉ série, t. VIII, p. 213. 1868.

3. D'après des renseignements qu'a bien voulu nous donner M. Reiset, il est nécessaire d'employer 2 litres d'acide sulfurique monohydraté par cuvier macérateur, contenant 1,000 kilogr. de racines en cossettes.

de betteraves non ensemencé ; une fermentation complexe s'établit, et le gaz qui se dégage est rutilant à l'air [1].

Le 26 octobre, nous avons rempli complètement de jus non stérilisé deux flacons A et B, de 300 centimètres cubes de capacité, munis de tubes abducteurs se rendant sous le mercure. Dans A, le jus était seul ; dans B, il contenait 5 grammes par litre d'azotate de potasse.

La fermentation a été lente ; elle a donné successivement :

Avec A :

	Le 2 nov.	Le 19 nov.	Totaux.
Azote	3^{cc},0	3^{cc},5	6^{cc},5
Bioxyde d'azote	2 ,2	3 ,5	5 ,7
Acide carbonique	3 ,7	6 ,5	10 ,2
Totaux	8^{cc},9	13^{cc},5	22^{cc},4

mélange dont la composition en centièmes est :

	Le 2 nov.	Le 19 nov.	Moyennes.
Azote.	33.71	25.93	29.02
Bioxyde d'azote.	24.72	25.93	25.45
Acide carbonique	41.57	48.14	45.53
	100.00	100.00	100.00

Avec B :

	Le 2 nov.	Le 13 nov.	Le 19 nov.	Totaux. .
Azote	2^{cc},6	6^{cc},0	2^{cc},8	11^{cc},4
Bioxyde d'azote . . .	1 ,6	4 ,0	2 ,7	8 ,3
Acide carbonique. . .	2 ,1	6 ,0	3 ,4	11 ,5
Totaux. . . .	6^{cc},3	16^{cc},0	8^{cc},9	31^{cc},2

d'où l'on déduit la composition centésimale :

	Le 2 nov.	Le 13 nov.	Le 19 nov.	Moyennes.
Azote.	41.27	37.50	31.46	36.54
Bioxyde d'azote. . .	25.40	25.00	30.34	26.60
Acide carbonique . .	33.33	37.50	38.20	36.86
	100.00	100.00	100.00	100.00

Le 19 novembre, on met fin à l'expérience. En ouvrant les flacons, le goulot se remplit de vapeurs nitreuses. Au microscope, on voit

---

1. Voir *Mémoires de la Société des sciences physiques et naturelles de Bordeaux*, 2e série, t. V, p. XXXVI.

dans A et B le même organisme, composé de petits bâtonnets immobiles, étranglés, isolés ou en chapelets, ressemblant au ferment lactique. Les liquides sont très filants et renferment encore du salpêtre non décomposé.

Les tentatives que nous avons faites pour isoler le microbe du bioxyde d'azote ont échoué. Dès les premières cultures dans des liquides stérilisés, la semence cessait de se développer; c'est une étude à reprendre.

10. 3° *Protoxyde d'azote.* — La réduction du nitre à l'état de protoxyde d'azote a été également signalée par M. Schlœsing en 1868[1]. Ce gaz s'était dégagé seul dans du jus de tabac abandonné à la putréfaction en vase clos; il était mélangé avec de l'azote et du bioxyde d'azote dans la fermentation lactique de l'eau sucrée.

MM. Dehérain et Maquenne[2], plus récemment, ont montré que le protoxyde d'azote apparaît encore dans la réduction des nitrates en présence de la terre végétale.

Nous avons aussi retrouvé ce gaz en mettant à l'étuve, comme MM. Dehérain et Maquenne, des flacons qui contenaient un mélange de terre, d'eau sucrée et de nitrate de potasse[3]. Dans une de nos expériences, commencée le 29 janvier, la proportion de protoxyde d'azote, qui était de 24 p. 100 le 31, au début de la fermentation, s'est régulièrement abaissée jusqu'à 6. p. 100. Pendant ce temps, le liquide n'avait point acquis d'acide butyrique, et le gaz dégagé était exempt d'hydrogène. Le 5 février, l'hydrogène a commencé à apparaître, mélangé à 4 p. 100 de protoxyde d'azote, à 91 p. 100 d'acide carbonique et à une trace d'azote; avec lui, la fermentation butyrique s'est développée. Le dégagement d'hydrogène a augmenté les jours suivants, et, chose inattendue, la réduction du nitrate de potasse est restée stationnaire.

Il semble donc qu'il y ait eu là deux fermentations successives : dans la première, le salpêtre seul a été décomposé; dans la seconde, le sucre a subi la transformation butyrique sans réduire le nitrate res-

1. *Comptes rendus,* t. LXVI, p. 237.
2. *Comptes rendus,* t. XCV, p. 691, 732 et 854. 1882.
3. Voir *Mémoires de la Société des sciences physiques et naturelles de Bordeaux,* 3ᵉ série, t. II. Extraits des procès-verbaux, p. XI. 1884-1885.

tant. L'observation microscopique confirme cette hypothèse, car les bâtonnets du vibrion butyrique, rares au commencement, ne sont devenus nombreux qu'à la fin de l'expérience.

Mais cette conclusion ne peut être rigoureuse, étant donné le grand nombre d'organismes différents qui se sont multipliés en même temps que le vibrion butyrique.

Nous reprendrons plus loin l'expérience avec des organismes purs, et nous montrerons que la fermentation butyrique ne suffit pas pour expliquer la réduction des nitrates dans la terre, et que la formation de protoxyde d'azote dépend à la fois de la nature du ferment et de la nature de la matière organique du milieu.

11. *4° Azote.* — La désoxydation complète des nitrates avec production d'azote seul a été observée par M. Th. Schlœsing dans la terre végétale[1]. Nous savons déjà qu'il a aussi trouvé ce gaz mélangé avec du protoxyde d'azote et du bioxyde d'azote dans une fermentation lactique du sucre en présence de l'azotate de potasse.

C'est la réduction à l'état d'azote et de protoxyde d'azote que nous étudierons spécialement dans les chapitres suivants.

12. Si l'on considère l'ensemble des recherches que nous venons de résumer, on constate qu'à l'exception de M. Meusel, aucun autre observateur n'a signalé avant nous la présence et le rôle des infiniment petits dans la décomposition des azotates.

MM. Dehérain et Maquenne[2] ont confirmé nos observations à ce point de vue, mais ils n'ont pas, non plus que M. Meusel, isolé à l'état de pureté les microbes trouvés dans leurs cultures.

13. Le présent mémoire comprend quatre chapitres :

Chapitre I. — Étude de quelques microbes dénitrifiants.
—   II. — Produits de la réaction.
—   III. — Mécanisme de la réduction.
—   IV. — Applications agricoles.

---

1. *Comptes rendus*, t. LXXVII, p. 353. 1873.

2. Notre première note à l'Institut est du 9 octobre 1882; la première de MM. Dehérain et Maquenne est du 16 octobre suivant. Mais, dès le 20 juillet 1882, nous avons commencé, sur ce sujet, une série de communications à la Société des sciences physiques et naturelles de Bordeaux. (Voir *Mémoires de la Société*, 2ᵉ série, t. V, p. XXXI, XXXV; et 3ᵉ série, t. II. Extraits des procès-verbaux, p. XI et XVIII. 1884-1885.)

CHAPITRE PREMIER

Étude de quelques microbes dénitrifiants.

14. Nous ne reviendrons pas, dans ce chapitre, sur la transformation des nitrates en nitrites; nous ne nous occuperons que de leur décomposition à l'état d'azote et de protoxyde d'azote.

15. *Expériences préliminaires.* — Citons d'abord nos premières expériences :

Le 7 avril 1882, on met à l'étuve à 30° un flacon complètement rempli d'eau d'égout, additionnée de 20 milligrammes d'azotate de potasse par litre, plus un centimètre cube d'urine putride pour semence; on recouvre le liquide d'une mince couche d'huile afin de l'isoler de l'air extérieur.

Le 10 juillet, il ne reste plus que 3 milligrammes de sel par litre[1]. On remplit de nouveau ce flacon avec une solution de 100 milligrammes de nitre par litre d'eau d'égout.

Le 17, il ne reste plus que 6 milligrammes de sel par litre.

Le 18, avec une partie du liquide précédent, on ensemence largement un flacon de cinq litres environ, qu'on remplit jusqu'au goulot d'eau d'égout filtrée et contenant en dissolution 200 milligrammes de salpêtre par litre. On met encore une couche d'huile pour empêcher le contact direct de l'air extérieur.

Le 19, après 24 heures seulement de séjour à la température de 30°, il ne reste plus que 88 milligrammes de sel par litre; la dénitrification a donc été de $\frac{112}{200} = 56$ p. 100.

Il s'est dégagé un peu de gaz azote.

L'observation microscopique montre que la destruction du nitrate s'est effectuée, dans tous ces flacons, au milieu d'organismes nom-

---

1. Tous nos dosages de nitrates ont été effectués par la méthode de Th. Schlœsing, en mesurant le volume de bioxyde d'azote dégagé par l'action du protochlorure de fer très acide sur un volume donné de liquide à essayer. On a toujours opéré par comparaison avec une solution titrée de nitrate de potasse pur, dans les mêmes conditions de température et de pression. Toutes les fois que cela a été nécessaire, on a enlevé l'acide carbonique par la potasse et l'on a tenu compte d'un léger résidu d'azote.

breux et variés : bâtonnêts longs et courts, mobiles et immobiles ; spirillums agiles ; monades.

Dans ces conditions, il était impossible d'attribuer avec certitude la réduction observée à la présence de ces microbes, et encore bien moins de dire quel était celui qui devait en être considéré comme l'agent véritable.

16. L'action de la chaleur et des antiseptiques ne tarda pas à nous convaincre que le phénomène était bien, comme nous le supposions, d'ordre physiologique.

Le 20 août, on remplit exactement trois matras Pasteur, préalablement stérilisés, de la même eau d'égout filtrée et additionnée de 1 gramme de nitre par litre.

Le matras a reçoit le liquide stérilisé, sans semence.

Le matras b reçoit le liquide stérilisé, mais ensemencé avec quelques gouttes de liquide d'une opération antérieure.

Le matras c reçoit le liquide non stérilisé et non ensemencé.

Le 23, b est légèrement trouble.

Le 24, c se trouble à son tour.

Le 27, a est resté limpide, sans organismes ; les deux autres sont très troubles et pleins de microbes variés.

L'analyse donne, pour le nitrate disparu :

Dans a. . . . . néant.
— b. . . . . 0gr,84 par litre.
— c. . . . . 0 ,88 —

Donc, la chaleur, en tuant les microbes, a empêché la réduction du nitrate de potasse.

17. Avec les antiseptiques, même résultat.

Le 6 août, on met à 35 degrés des flacons pleins d'eau d'égout nitratée et stérilisée, avec les antiseptiques suivants :

Flacon a . . . . . . 100mgr d'acide salicylique par litre.
— b . . . . . . — de salicylate de soude —
— c . . . . . . — d'acide phénique —
— d . . . . . . — de sulfate de cuivre —
— e . . . . . . quelques gouttes de chloroforme avec
            lesquelles l'eau d'égout est agitée.

Tous ces liquides reçoivent en outre une forte dose de semence prise dans une fermentation achevée.

La proportion de nitrate détruit a été successivement :

	8 août.	10 août.	26 août.
Dans le flacon *a*	0 p. 100	37 p. 100	74 p. 100
— *b*	21 —	42 —	53 —
— *c*	11 —	42 —	79 —
— *d*	néant.	néant.	néant.
— *e*	néant.	néant.	néant.

Le nitrate de potasse est donc resté intact pendant vingt jours avec deux des antiseptiques employés, le sulfate de cuivre et le chloroforme ; les liquides correspondants sont restés parfaitement limpides.

Quant à l'acide salicylique, le salicylate de soude et l'acide phénique, ils n'ont fait que ralentir la marche de la dénitrification. Les liquides ont donné du trouble, de la mousse, et se sont peuplés de microbes. Bien plus, l'acide salicylique a disparu dans *a,* et ne reste qu'à l'état de traces dans *b ;* l'odeur d'acide phénique est complètement insensible dans *c.* Nous trouverons plus loin l'explication de ce fait, qui se produit même avec des doses plus élevées que dans l'expérience actuelle.

Il résulte de là qu'il y a corrélation entre la destruction des nitrates et le développement des infiniment petits.

18. *Purification des microbes dénitrifiants.* — Avant d'aller plus loin dans cette étude, il importait de préparer des microbes dénitrifiants à l'état de pureté. Nous avons employé pour cela les cultures dans des liquides stérilisés, en faisant varier successivement la composition de ces liquides, leur épaisseur, leur température, et en essayant sur la semence l'action de la chaleur, de la dilution, de l'âge, de l'acide carbonique, du vide, etc. [1].

19. Pour les cultures en profondeur, nous avons adopté le tube de la figure 1 qui n'est, comme on le voit, qu'une modification du matras Pasteur. Il a l'avantage de n'exiger que peu de liquide et peu de place. Le réservoir A n'a en effet qu'un centimètre à un centi-

---

1. Voir L. Grandeau, *Traité d'analyse des matières agricoles,* 2ᵉ édition, p. 586.

mètre et demi de diamètre extérieur, pour une capacité de 5 à 8 centimètres cubes.

Dans quelques cas, nous avons utilisé avec profit les dispositifs des figures 2 et 3 ; ils ont tous le même but : séparer en un très petit nombre d'opérations, même en une seule, le microbe qui convient le mieux à un liquide donné.

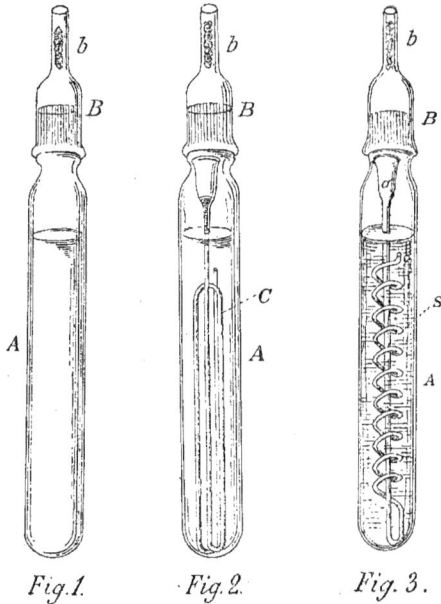

Fig. 1.   Fig. 2.   Fig. 3.

Les tubes A sont ceux de la figure 1, à l'intérieur desquels on introduit soit un tube C (fig. 2) plusieurs fois replié sur lui-même dans le sens vertical, soit un petit serpentin S (fig. 3), dont le tube n'atteint pas un millimètre de diamètre.

Ces appareils ayant été stérilisés et remplis d'un bouillon de culture convenable, on dépose, à l'aide d'un tube effilé, une goutte de semence impure dans l'ouverture a. Le microbe qui s'accommode le mieux du liquide nutritif, ou bien celui qui se trouve le plus anaérobie, se développe de préférence, et parcourt toute la longueur du tube capillaire avant de gagner l'orifice *o* et de tomber dans le liquide extérieur. Il est rare que plusieurs êtres puissent ainsi cheminer parallèlement dans un tube capillaire, sur une longueur de plusieurs décimètres ; mais, comme ils peuvent se suivre à petite distance, il faut avoir soin de faire une nouvelle culture avec une goutte du liquide extérieur, dès que celui-ci est ensemencé.

Il ne faut pas attendre pour cela que le trouble s'y manifeste ; il est préférable d'y faire des prises très fréquentes, tous les quarts d'heure par exemple, à partir du moment où le trouble du liquide contenu dans le tube capillaire s'est propagé jusque dans le voisinage de l'extrémité *o*.

En recommençant l'opération deux ou trois fois, surtout avec des liquides variés, on arrive rapidement à la purification de l'espèce cherchée.

Si, dans les conditions de l'expérience, il y a production de gaz, les appareils ne peuvent convenir ; on change alors le liquide de culture.

20. Le dispositif de la figure 4 est destiné à rendre les mêmes services ; il est d'une construction plus difficile, mais d'une manipulation plus commode et plus sûre. Le serpentin S, au lieu d'être libre, est soudé par son orifice supérieur, en *t*, à un étranglement du tube A. On a soudé latéralement un réservoir à boule C, fermé par un bouchon conique à recouvrement B'. En déposant la semence impure en *a*, on n'a pas à craindre de la répandre dans le liquide extérieur ; puis, quand le microbe purifié est sorti du serpentin, on fait aisément les prises de la nouvelle semence en *a'*.

21. A l'aide des divers procédés ou appareils que nous venons d'indiquer, nous avons obtenu plusieurs variétés de microbes dénitrifiants, dont les germes se trouvaient primitivement soit dans l'eau d'égout, soit dans la terre végétale, soit dans les poussières de l'air. Il faut remarquer que la purification de tels êtres présente une facilité rela-

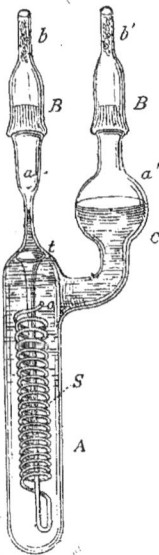

Fig. 4.

tive, grâce à la composition particulière des liquides de culture, dont le nitrate s'oppose au développement d'un grand nombre d'espèces.

Nous en avons spécialement étudié deux que nous allons maintenant décrire sous le nom de *Bacterium denitrificans*. Comme ces organismes ont de grandes ressemblances, nous les distinguerons seulement l'un de l'autre par les lettres α et β. C'est avec le premier, qui est le plus actif, que nous avons fait la plupart de nos expériences.

22. *Bacterium denitrificans* α [fig. 5 (*voir* pl., fig. 1)]. — Ce microbe est une bactérie de 0,4 à 0,6 μ de largeur et de 2 à 4 μ de longueur ; ses dimensions sont en général un peu plus grandes dans les liquides artificiels que dans les bouillons de viande.

Sa réfringence est faible et ses contours ne sont nettement accusés que dans les préparations colorées. Il est plus facile à observer dans les liquides artificiels que dans les bouillons.

Quand on examine au microscope une culture récente dans un milieu nitraté, on voit un assez grand nombre de bactéries immobiles, tandis que d'autres sont animées de mouvements parfois très vifs. Dans les préparations faites avec des liquides dépourvus de nitrates, peu d'instants après la mise en place du couvre-objet, les microbes mobiles sont relativement plus nombreux et leurs mouvements plus rapides ; au bout de quelques minutes, presque tous cessent de se mouvoir au centre de la préparation ; mais le mouvement continue vers les bords de la lamelle. Le contraste est bien plus frappant, si on laisse une bulle d'air sous le couvre-objet ; autour de cette bulle les microbes s'agitent avec une extrême vivacité ; la rapidité de leur allure est si grande qu'il est presque impossible de les suivre dans leurs déplacements ; tantôt ils décrivent des courbes irrégulières, tantôt ils vont en ligne droite, s'arrêtant parfois brusquement pour reparaître en sens opposé ; souvent ils sont animés d'un mouvement d'oscillation rapide ou de vibration. Après un certain temps, les bactéries se rapprochent de plus en plus des bords de la bulle, si bien qu'elles ne peuvent alors que s'agiter sur place, jusqu'au moment où elles sont assez serrées les unes contre les autres pour être complètement immobilisées.

L'espace qui entoure immédiatement cet amas de microbes est à peu près complètement dépourvu d'organismes ; un peu au delà, on trouve, disséminés et immobiles, ceux qui étaient hors de la zone de diffusion de l'oxygène.

On peut dire que l'observateur assiste à la formation, autour de la bulle d'air, d'une véritable zooglœa, semblable à celle qui se produit, comme on le verra, à la surface des bouillons de culture exempts de nitrates, et exposés au contact de l'air extérieur.

Le *B. denitrificans* se multiplie par sissiparité dans les premiers jours de son développement, quel que soit le liquide de culture ; plus tard, on voit apparaître de une à trois spores dans chaque bâtonnet ; quelquefois, leur nombre atteint cinq ou six, dans des filaments plus longs, mais formés vraisemblablement de deux bactéries soudées l'une à l'autre et dont la ligne de séparation est difficile à saisir. Cette observation ne se fait bien que dans une préparation colorée, car dans l'état normal, la réfringence de la spore diffère à peine de celle du bâtonnet lui-même.

La formation de spores est précédée d'une accumulation de matière protoplasmique, sous forme de corps allongés, qui occupent une longueur variable dans chaque bâtonnet, et qui se résolvent ultérieurement en corpuscules sphériques. Leur présence explique comment les germes de la bactérie conservent leur vitalité dans certains milieux pendant des années entières.

23. *Bacterium denitrificans* β. — Il diffère peu au microscope du *Bacterium denitrificans* α ; il est seulement un peu plus réfringent et un peu plus large ; sa largeur est de 0,5 à 0,7 μ. Il est assez difficile de les distinguer l'un de l'autre, autrement que par la rapidité de leur développement et par les produits de leur action sur les nitrates, quand on les cultive comparativement dans les mêmes milieux. Nous indiquerons chemin faisant ces différences.

24. *Coloration des microbes.* — On peut colorer les bactéries dénitrifiantes avec diverses matières colorantes ; celles que nous avons spécialement essayées sont :

> Le bleu de méthylène ;
> Le brun de phénylène (vésuvine) ;
> Le violet de méthyle B ;
> Le violet de gentiane.

Le bleu de méthylène et le brun de phénylène sont absorbés lentement et ne donnent que des colorations peu intenses.

Les violets de méthyle et de gentiane donnent au contraire d'excellents résultats, mais le second est d'un emploi un peu plus avantageux que le premier.

Si la préparation colorée ne doit pas être conservée, il suffit de mélanger une goutte de liquide de culture avec une très petite quantité de solution de violet de gentiane à 0.5 p. 100. Cela convient très bien pour l'observation des spores.

Si, au contraire, la préparation est destinée à être conservée, on étale à l'aide d'un fil de platine une très petite goutte de liquide contenant les bactéries sur une lamelle couvre-objet ou mieux sur une lame porte-objet, préalablement débarrassées des plus infimes traces de matières grasses par un lavage à l'éther alcoolisé. Il convient de les chauffer légèrement vers 30° ou 35° avant d'y déposer le liquide de culture.

L'évaporation de la goutte étant terminée, on passe à plusieurs reprises la lame dans la flamme d'une lampe à alcool de façon à la porter à une température un peu supérieure à 60°. Après refroidissement, on met une ou deux gouttes de solution aqueuse de violet de gentiane à 1 p. 100, et on laisse en contact pendant 5 à 10 minutes. L'excès de matière colorante est ensuite entraîné par un lavage à l'eau distillée; la durée du lavage ne doit pas dépasser une minute avec une préparation en couche mince et régulière, si l'on tient à avoir une coloration intense.

25. La préparation ainsi obtenue peut être étudiée dans l'eau ou montée après dessiccation. Pour cette dernière opération, on peut faire usage de baume de Canada; mais cette substance, employée seule ou mélangée à un fluidifiant, a l'inconvénient de pâlir la teinte du microbe et de rendre celui-ci moins net. La glycérine le décolore en dissolvant le violet de gentiane; la solution d'acétate de potasse agit de même, quoiqu'à un degré moindre.

Nous préférons faire usage d'une solution concentrée de chlorure de calcium dans laquelle le violet de gentiane est *complètement insoluble*. Quand on emploie ce dernier liquide, il est très avantageux de fixer la préparation, contrairement à l'usage, sur la lame porte-objet et non sur la lamelle[1]. Les microbes colorés selon ce procédé apparaissent très nets et fortement teintés quand on les examine avec un objectif 12 à immersion homogène de Vérick et avec tout le tirage de l'oculaire 3. Toutefois, les préparations dans le chlorure de calcium conservent un fond un peu plus coloré et plus chargé d'impuretés que celles qui sont montées dans le baume.

26. Indépendamment des préparations faites comme on vient de le dire, nous employons, pour la photographie, des préparations fixées sur la lame et recouvertes, sans aucun liquide intermédiaire soit d'un couvre-objet, soit d'une seconde lame porte-objet, qu'on enlève au moment de l'usage. Ces préparations à sec ne sont pas très favorables à l'observation des détails intérieurs du microbe, à la recherche des spores par exemple, mais elles montrent des bactéries colorées en violet opaque presque noir et d'un relief remarquable, permettant d'obtenir de bonnes photographies.

27. *Influence des nitrates sur les B.* denitrificans. — Avant d'étudier le mode d'action de ces microbes sur les nitrates et les circonstances qui peuvent modifier leur pouvoir réducteur, il convient d'insister sur l'influence du nitrate lui-même sur leur développement.

Ensemencé dans un vase à fond plat, contenant en grande surface, sous une faible épaisseur, du bouillon ou du liquide artificiel exempt de nitrates, le *B. denitrificans* se multiplie dans toute la masse, parce qu'il reçoit largement le contact de l'air extérieur. Mais dans un vase étroit, tel que le tube de la figure 1, par exemple, il ne se développe que dans les couches supérieures du liquide, là seulement où l'oxygène peut se diffuser.

Dans ce cas, il forme à la surface, en moins de vingt-quatre heures, une couche membraneuse, zoogléique, bientôt glaireuse, dont l'épaisseur va en augmentant et dont les bords se redressent sur les parois de l'appareil à une hauteur de plusieurs millimètres. La formation de cette membrane s'explique par la tendance qu'a le microbe à se grouper sous l'influence de l'air, sans d'ailleurs changer

---

1. C'est au contraire sur la lamelle couvre-objet qu'il faut étaler le liquide de culture, si l'on emploie le baume de Canada.

de forme et sans perdre la faculté de se mouvoir, lorsqu'il se retrouve libre, dans un liquide oxygéné. Nous avons eu la preuve de
cette tendance dans l'observation microscopique.

Si l'on fait l'ensemencement dans un milieu tout à fait privé d'air,
le microbe donne avec le bouillon une très légère opalescence et
laisse au liquide artificiel toute sa limpidité primitive.

28. Le *B. denitrificans* se présente donc comme l'un des êtres
les plus avides d'oxygène ; et, non seulement il prend ce gaz à l'air
libre, mais il peut aussi l'emprunter à un milieu nitraté, de telle
sorte qu'il est, suivant les cas, et avec la même facilité, aérobie ou
anaérobie. Aussi, quand on le sème dans des bouillons riches en
nitrates, se répand-il uniformément dans toute la masse, quelles que
soient la forme du vase et l'épaisseur du liquide ; celui-ci se trouble
rapidement, se recouvre d'une mousse épaisse et devient le siège
d'une fermentation énergique. Lorsque le gaz a cessé de se dégager,
le liquide, qui est devenu visqueux et filant, s'éclaircit peu à peu,
et le microbe se ramasse au fond du vase en couche glaireuse ;
quelquefois, après la fermentation, si le contact de l'air devient possible, il se fait à la surface une membrane zoogléique, analogue à
celle que donnent les milieux non nitratés.

La viscosité ne se produit pas pendant que la fermentation est en
pleine activité ; elle n'apparaît qu'à la fin, alors que le liquide peut
être assimilé à un milieu exempt de nitrates. Or, de tels milieux
sont précisément, comme on l'a vu, très favorables à la production
de matières glaireuses.

29. *Circonstances qui influent sur la dénitrification.* — La quantité de nitrate décomposé dans un temps donné dépend évidemment
de l'activité du ferment et, par conséquent, pour un même microbe,
de la nature du milieu, de la température, de l'âge de la semence,
etc., toutes circonstances qui influent sur sa vitalité.

30. 1° *Influence de la nature du microbe.* — Comparons d'abord
nos deux *B. denitrificans.*

Le 9 janvier, à 4 heures du soir, on ensemence deux tubes à culture profonde (fig. 1), contenant le même bouillon nitraté, l'un *a*
avec le *B. denitrificans* α et l'autre *b* avec le *B. denitrificans* β.

Le lendemain 10, à 8 heures du matin, *a* est trouble avec une mousse fine ; *b* est plus trouble, mais sans mousse ; à 4 heures du soir, la mousse apparaît dans *b ;* elle a déjà une épaisseur de 1 centimètre environ dans *a*.

Le 11, à 4 heures du soir, mousse très abondante dans *b ;* mousse tombante et fermentation achevée dans *a*.

La marche de la dénitrification a été :

	Le 10.	Le 11.
Avec le *B. denitrificans* α.	52 p. 100	100 p. 100
— — β.	50 —	77 —

Les deux microbes donnent des nitrites pendant la fermentation.

Ainsi, avec le bouillon de bœuf, il y a une différence dans le trouble du liquide, dans l'apparition de la mousse et dans l'intensité de la réduction. Le microbe α s'est toujours montré plus actif que le microbe β. Quant aux produits de la réaction, on verra plus loin qu'ils ne diffèrent pas sensiblement.

Avec le liquide artificiel, dont on trouvera la composition à la page 30, les différences s'accentuent.

Le 10 janvier, à 4 heures du soir, deux tubes contenant du liquide artificiel sont ensemencés, *a* avec le *B. denitrificans* α et *b* avec le *B. denitrificans* β.

Le lendemain, à 11 heures du matin, *a* est très trouble, avec une mousse de plusieurs centimètres d'épaisseur; *b* est trouble, mais sans mousse.

Le 12, la mousse est abondante dans *b,* tombante en *a,* où la fermentation est achevée.

La dénitrification a été :

	Le 11.	Le 12.
Avec le *B. denitrificans* α.	77 p. 100	100 p. 100
— — β.	50 —	77 —

Ces deux ferments ne diffèrent pas seulement par leur activité ; le premier, qui donnait des nitrites avec le bouillon de viande, n'en fait pas dans le liquide artificiel ; le second, au contraire, en donne dans les deux cas. De plus, α dégage du protoxyde d'azote quand β ne dégage que de l'azote (voir p. 50 et suiv.).

En raison de sa grande puissance réductrice, le *B. denitrificans* α a été choisi pour les expériences ultérieures, sauf indication con-traire.

31. 2° *Influence de la température.* — Le 10 septembre, on distribue dans des vases de culture du bouillon additionné de nitrate de potasse ; après ensemencement, on met :

$$a, \text{ à la température de } 25°$$
$$b, \qquad — \qquad 30°$$
$$c, \qquad — \qquad 35°$$
$$d, \qquad — \qquad 40°$$

Le 11, tous les liquides sont troubles et donnent de la mousse.

Le 12, la fermentation est achevée dans *c* et *d ;* elle continue dans *a* et *b*. Le dosage du salpêtre restant permet de calculer par différence la mesure de la dénitrification; on trouve :

$$\text{Dans } a. \dots \dots \dots 77 \text{ p. } 100$$
$$— \; b. \dots \dots \dots 95 \quad —$$
$$— \; c. \dots \dots \dots 100 \quad —$$
$$— \; d. \dots \dots \dots 100 \quad —$$

Une température voisine de 35° est donc très favorable à la réduction du nitrate ; c'est celle que nous avons généralement adoptée. Nous verrons, à la fin du chapitre suivant, que la température influe sur la composition du gaz dégagé et qu'elle favorise la formation du protoxyde d'azote dans le liquide artificiel.

32. 3° *Influence du chauffage de la semence.* — Le 27 octobre, on remplit une série de petites ampoules effilées aux deux bouts avec un liquide en fermentation, on les scelle à la lampe et on les plonge dans un bain-marie, dont on élève progressivement la température. Ces ampoules, chauffées à des degrés divers, servent ensuite, après refroidissement, à ensemencer des tubes de bouillon nitraté.

$$\text{Un tube } a \text{ reçoit la semence chauffée à } 40°$$
$$— \; b \qquad — \qquad — \qquad 60$$
$$— \; c \qquad — \qquad — \qquad 80$$
$$— \; d \qquad — \qquad — \qquad 100$$

Le 28, *a* est trouble et donne de la mousse ; *b* est opalin, sans mousse ; *c* et *d* sont limpides.

Le 29, *b* se trouble et mousse à son tour.

Le 4 novembre, *c* et *d* sont restés limpides.

33. Le même jour, 27 octobre, expérience toute semblable, mais en resserrant les températures entre 50 et 100 degrés.

Un tube *a* reçoit la semence chauffée à	50°
— *b*	—	—	60
— *c*	—	—	70
— *d*	—	—	80
— *e*	—	—	90
— *f*	—	—	100

Le 28, *a* et *b* sont troubles, les autres tubes sont limpides.

Le 29, dénitrification très avancée dans *a ;* fermentation et mousse dans *b ;* ni trouble, ni mousse dans les autres tubes.

Le 4 novembre, *c, d, e* et *f* sont restés limpides.

Le microbe dénitrifiant est donc tué à la température de 70 degrés, mais il souffre déjà de l'action d'une température de 60 et même de 50 degrés.

34. 4° *Influence de l'air.* — La décomposition des nitrates doit diminuer au contact de l'air, parce que, dans ces conditions, le microbe est largement pourvu de l'oxygène dont il a besoin pour son développement, et qu'il lui est plus facile de le prendre là qu'à une combinaison chimique. Les expériences suivantes justifient cette hypothèse.

I. — Le 6 août, un flacon de 300 centimètres cubes est rempli jusqu'au goulot d'eau d'égout nitratée ; un volume égal de liquide est versé dans un flacon de 600 centimètres cubes de capacité. Même semence dans les deux liquides.

Après un séjour de 24 heures à l'étuve, le premier a perdu 42 p. 100 et le second 11 p. 100 seulement du nitrate employé.

II. — Le 12 février, on met un même volume de bouillon de bœuf additionné de salpêtre dans une fiole de culture à fond plat A (fig. 6), où il occupe une épaisseur de 2 à 3 millimètres seulement, et dans un tube de culture A′, sous une épaisseur de 12 centimètres environ.

Les deux vases reçoivent chacun une goutte de la même semence. Le 14, la réduction a été :

Dans A . . . . de 14 p. 100
— A′ . . . . de 47 —

Malgré la faible épaisseur du bouillon dans la fiole A, on voit qu'il y a eu, néanmoins, une dénitrification partielle. Les choses se passent

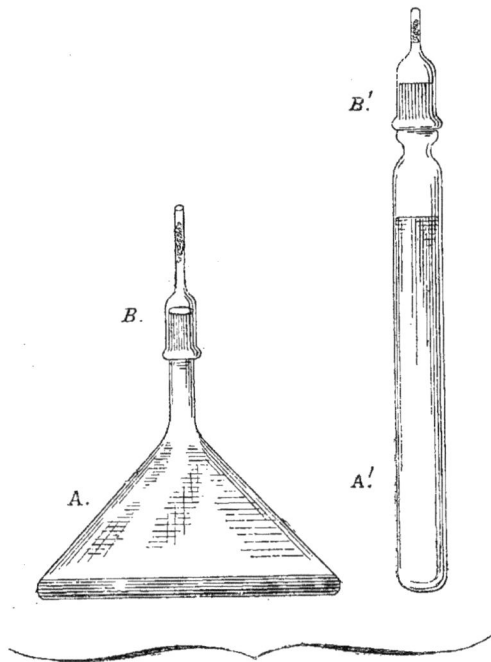

Fig. 6.

sans doute comme dans l'action de la levûre de bière sur du moût en grande surface. On ne peut, dans les deux cas, supprimer complè- tement la fermentation, parce que l'aération de tous les points du liquide est impossible. Les organismes tout voisins de la couche superficielle protègent en effet les autres contre le contact de l'air, et ceux-ci fonctionnent alors comme dans une culture en profondeur.

35. Plus le milieu sera nutritif, plus les organismes se développeront, et plus il sera difficile d'avoir une réduction nulle dans un liquide en couche mince. Mais si le milieu est pauvre en aliments, comme l'eau d'égout, les microbes seront peu abondants, l'air pourra se dissoudre dans toute la masse et le nitrate ne sera pas décomposé. L'expérience suivante réalise ces conditions.

III. — Le 6 août, on fait trois parts égales d'eau d'égout nitratée, qu'on distribue dans trois vases de capacités différentes:

```
a. . . . . . .   Flacon complètement rempli.
b. . . . . . .   Flacon à moitié rempli.
c. . . . . . .   Fiole à camphre où le liquide occupe 2ᵐᵐ environ
                 d'épaisseur.
```

Même semence dans les trois appareils.

Le 26, la proportion de nitrate réduit a été :

```
Dans a. . . . . . . . . . . . . . . .   de 33 p. 100
  —  b. . . . . . . . . . . . . . . .   de 14   —
  —  c. . . . . . . . . . . . . . . .   de  0   —
```

Il résulte de là que, pour obtenir des fermentations rapides, il faudra faire usage de vases profonds et complètement remplis de liquide.

36. 5° *Influence de l'âge de la semence.*   Si l'on prend pour semence, dans des cultures nouvelles, le *B. denitrificans* aux différentes périodes de son développement, on constate que ce microbe s'affaiblit progressivement jusqu'à la perte complète de son activité, jusqu'à la mort.

Le 17 novembre, après avoir éprouvé à l'étuve un certain nombre de tubes de culture, contenant du bouillon additionné de 10 grammes de nitrate de potasse par litre, on ensemence l'un d'eux avec un microbe très jeune. Le lendemain, les jours suivants, puis à des intervalles plus éloignés, on ensemence successivement les autres tubes, avec des prises faites dans celui-là. La proportion de nitrate réduit a été mesurée pour chaque tube après 24 et après 48 heures.

Le tableau suivant résume cette expérience :

NUMÉRO d'ordre de la culture.	DATE de l'ensemencement.	AGE de la semence.	PROPORTIONS DE NITRATE RÉDUIT après 24 heures.	après 48 heures.
0	17 nov.	»	»	»
1	18 —	1 jour	68 p. 100	84 p. 100
2	19 —	2 —	66 —	84 —
3	20 —	3 —	48 —	76 —
4	21 —	4 —	48 —	60 —
5	22 —	5 —	42 —	72 —
6	27 —	10 —	28 —	64 —
7	2 déc.	15 —	18 —	54 —
8	7 —	20 —	12 —	40 —
9	17 —	30 —	16 —	20 —
10	27 —	40 —	0 —	0 —

Malgré quelques irrégularités qui pourraient s'expliquer par les différences de volumes de semence employée, on voit que le sens du phénomène est très net et que la vitalité du ferment diminue assez rapidement lorsqu'il est laissé en contact avec son liquide. C'est un fait fréquent chez les infiniment petits.

37. La nature du liquide de culture influe, d'ailleurs, sur la vitesse d'affaiblissement du microbe.

A la fin de juin 1883, on sème du ferment pur dans les liquides suivants :

a. — Liquide artificiel de la page 30 contenant 1 p. 100 de nitrate de potasse.
b. — Bouillon de bœuf contenant 1 p. 100 de nitrate de potasse.
c. — Bouillon de bœuf contenant 1 p. 100 de nitrate de potasse et 5 p. 100 de sucre.
d. — Bouillon de bœuf contenant 1 p. 100 de nitrate de potasse et 2 p. 100 d'amidon.
e. — Eau de levûre, sans nitrate.
f. — Bouillon de bœuf, sans nitrate, contenant 2 p. 100 d'amidon.

Ces cultures sont abandonnées à la température ordinaire jusqu'en janvier 1884. A cette date, les liquides sont opalins ; au fond des tubes, on trouve un dépôt grisâtre, constitué par un amas de microbes, de cristaux de phosphate ammoniaco-magnésien et de granulations amorphes.

Le 6 janvier, avec des prises faites dans ces divers liquides, les unes à la surface, les autres dans le dépôt, on ensemence largement du bouillon de bœuf neutre, contenant 1 p. 100 de salpêtre.

Le 7, les cultures issues de *c, d, e* et *f* donnent une mousse abondante, tandis que celles issues de *a* et de *b* ne sont même pas troubles.

Le 8, le tube ensemencé avec le dépôt de *b* est devenu trouble à son tour, et mousse légèrement ; celui qui a reçu une goutte de la surface est limpide.

Le 9, mêmes tubes qu'hier en fermentation ; dans plusieurs, la dénitrification est achevée.

Le 10 et jours suivants, les tubes déjà stériles n'ont donné ni trouble, ni réduction, ni microbes.

La semence provenant du liquide artificiel *a* était donc morte ; celle provenant du bouillon de bœuf nitraté *b* ne s'est rajeunie qu'avec peine ; à la surface même, elle était morte. Quant aux autres semences, celles qui avaient été prises dans les bouillons nitratés *c* et *d*, additionnés de sucre ou d'amidon, se sont rajeunies moins vite que celles qui avaient été extraites des liquides non nitratés *e* et *f;* en effet, le 9, la réduction était complète dans ces dernières cultures, tandis qu'elle n'était que de 56 p. 100 dans les tubes ensemencés avec *c* et de 68 p. 100 dans les tubes ensemencés avec *d*.

L'ordre dans lequel nous avons placé les liquides de culture est précisément celui qui indique leur valeur nutritive relative pour le *B. denitrificans*. Celui-ci, comme beaucoup d'autres organismes, s'épuise donc, dans un milieu, d'autant plus vite qu'il s'y est montré plus actif.

38. L'eau de levûre non nitratée est, de tous les liquides que nous avons essayés, celui qui conserve le plus longtemps la semence de notre microbe. Grâce à cette propriété, nous avons pu le retrouver vivant au mois de décembre 1884, c'est-à-dire un an et demi après son ensemencement. Ce fut une résurrection des plus heureuses, car, à la suite d'une élévation accidentelle de la température dans notre étuve, le ferment qui servait à nos expériences fut tué, et nous l'eussions perdu sans retour, si le tube d'eau de levûre conservé dans notre collection ne nous avait permis de le rajeunir. Aujourd'hui encore, 25 août 1885, on retrouve des spores vivantes dans le tube ensemencé à la fin de juin 1883 et dans le tube ensemencé en janvier 1884.

39. 6° *Influence de la proportion de nitrate.* —I. Le 21 juillet, on ensemence des flacons exactement remplis d'eau d'égout, contenant des doses croissantes de nitrate de potasse :

$$
\begin{aligned}
a &. \ldots \ldots \ldots \ldots \ldots \quad 0^{gr},25 \text{ par litre.} \\
b &. \ldots \ldots \ldots \ldots \ldots \quad 0\ ,50 \quad — \\
c &. \ldots \ldots \ldots \ldots \ldots \quad 1\ ,00 \quad — \\
d &. \ldots \ldots \ldots \ldots \ldots \quad 2\ ,50 \quad — \\
e &. \ldots \ldots \ldots \ldots \ldots \quad 5\ ,00 \quad —
\end{aligned}
$$

Les liquides se sont tous troublés et la réduction a suivi la marche suivante :

	Au 23 juillet.	Au 25 juillet.	Au 28 juillet.	Au 1er août.	Au 7 août.
Dans a. . .	58 p. 100	92 p. 100	100 p. 100	»	»
— b. . .	12 —	60 —	100 —	»	»
— c. . .	24 —	44 —	96 —	99 p. 100.	100 p. 100.
— d. . .	»	20 —	63 —	90 —	100 —
— e. . .	»	»	14 —	49 —	100 —

On déduit de là :

	DURÉE de la réduction.	NITRATE décomposé par jour, en moyenne.
Dans a.	7 jours.	0^{gr},036 par litre.
— b.	7 —	0 ,071 —
— c.	11 —	0 ,090 —
— d.	17 —	0 ,147 —
— e.	17 —	0 ,294 —

II. — Avec un liquide plus nutritif que l'eau d'égout, du bouillon de viande, par exemple, la destruction du nitrate est beaucoup plus rapide.

Le 5 septembre, on ensemence du bouillon renfermant :

$$
\begin{aligned}
a &. \ldots \ldots \ldots \quad 1 \text{ gramme de nitrate de potasse par litre.} \\
b &. \ldots \ldots \ldots \quad 2 \qquad — \qquad\qquad — \\
c &. \ldots \ldots \ldots \quad 4 \qquad — \qquad\qquad —
\end{aligned}
$$

La marche de la dénitrification a été de jour en jour :

	6 sept.	7 sept.	8 sept.	9 sept.
Dans a	86 p. 100	100 p. 100	»	»
— b	71 —	100 —	»	»
— c	30 —	65 —	91 p. 100	100 p. 100

On a donc obtenu :

	DURÉE maximum de la réduction.	NITRATE détruit par jour, en moyenne.
Dans a.	2 jours.	$0^{gr},5$ par litre.
— b.	2 —	1 ,0 —
— c.	4 —	1 ,0 —

III. — La dénitrification peut se produire aussi avec des doses plus élevées de sel.

Le 8 septembre, on dispose un autre essai dans du bouillon tenant en dissolution :

a	4 grammes de nitrate de potasse par litre.	
b	8	—	—
c	12	—	—
d	16	—	—
e	20	—	—

La semence est prise dans un flacon en pleine fermentation.

Les dosages successifs ont donné pour la dénitrification :

	9 sept.	11 sept.	13 sept.	15 sept.	22 sept.
Dans a . .	25 p. 100	75 p. 100	100 p. 100	»	»
— b . .	26 —	68 —	84 —	89 p. 100	»
— c . .	15 —	47 —	40 —	52 —	59 p. 100.
— d . .	»	25 —	27 —	27 —	34 —
— e . .	»	4 —	13 —	28 —	»

Si l'on calcule les doses de nitrate détruit au 13 septembre, c'est-à-dire 5 jours après l'ensemencement, on obtient :

	TOTAL.	MOYENNE par jour.
Dans a	$4^{gr},00$	$0^{gr},80$ par litre.
— b	6 ,72	1 ,34 —
— c	4 ,80	0 ,96 —
— d	4 ,32	0 ,86 —
— e	2 ,60	0 ,52 —

40. L'activité du microbe dépend donc de la richesse du milieu et de la proportion de nitrate dissous. Dans les bouillons de viande, elle paraît maximum pour les doses de salpêtre voisines de 1 p. 100;

mais la bactérie peut vivre et agir avec 2 p. 100 de sel. Dans ce dernier cas, la fermentation se ralentit au bout de peu de jours et ne se termine pas, soit parce que le liquide est devenu fortement alcalin et gêne le développement du ferment, soit parce que la matière organique n'y est plus en quantité suffisante (voir page 48).

La proportion que nous adoptons généralement est celle de 10 grammes par litre.

La quantité de sel décomposé par litre et par jour a dépassé 1 gramme dans l'expérience précédente. Dans certains cas, nous avons eu 3 grammes dans du bouillon de poulet, 6 grammes et même 9 grammes dans du liquide artificiel.

41. 7° *Influence de la base du nitrate.* — Les azotates alcalins et l'azotate de chaux sont tous décomposables par le *B. denitrificans.*

I. — Le 6 août, on ensemence de l'eau d'égout renfermant des poids égaux, 1gr,67 par litre, de ces divers sels; la fermentation s'est régulièrement établie, donnant la mousse et le trouble habituels.

La dénitrification a été :

	8 août.	9 août.
Avec le nitrate de potasse	de 42 p. 100	47 p. 100
— de soude.	24 —	40 —
— d'ammoniaque.	25 —	40 —
— de chaux.	37 —	58 —

II. — A doses plus élevées, le sel de chaux empêche la vie du microbe et ne se décompose pas, même dans un milieu plus riche en matières nutritives.

Le 10 juillet, on ensemence des tubes de bouillon de bœuf contenant des poids équivalents (le dixième de l'équivalent par litre) de nitrates alcalins et de nitrate de chaux. On a obtenu les réductions suivantes :

	11 juillet.	12 juillet.
Avec le nitrate de potasse	21 p. 100	51 p. 100
— de soude	20 —	27 —
— d'ammoniaque.	22 —	38 —
— de chaux	0 —	0 —

Le sel de potasse s'est montré plus favorable que les autres; mais dans d'autres expériences, où le bouillon avait une autre compo-

sition, où la semence n'avait pas été prise au même âge, l'ordre a
été un peu différent; c'est ce qui est arrivé dans l'exemple suivant.

III. — Le 12 février, on ensemence des tubes de bouillon de
bœuf contenant respectivement des poids de sel équivalents à
10 grammes de nitrate de potasse.

La réduction a été :

	13 février.	14 février.	15 février.
Avec le nitrate de potasse. . .	de 38 p. 100	65 p. 100	79 p. 100
— de soude . . .	47 —	80 —	96 —
— d'ammoniaque .	32 —	68 —	73 —

On peut, dès lors, admettre que les trois nitrates alcalins se ré-
duisent, suivant les cas, avec la même facilité.

42. 8° *Influence de la constitution des liquides de culture.* — Les
expériences que nous avons rapportées ont déjà montré que le *B.
denitrificans* vit mieux et détruit plus de nitrate, toutes choses égales
d'ailleurs, dans les bouillons de viande que dans l'eau d'égout. La
nécessité d'un milieu riche en matières nutritives ne s'explique pas
seulement par les besoins du microbe; nous verrons, dans le chapitre suivant, que la réduction du sel ne peut s'accomplir que si
l'oxygène nitrique trouve à brûler du carbone organique.

Mais quelles sont les matières organiques qui peuvent convenir?
En faire une liste complète serait impossible et inutile. Nous dirons
seulement que, parmi celles que nous avons essayées, indépendamment du bouillon de poule, de veau ou de bœuf, l'huile d'olives,
l'huile d'amandes douces, la glycérine, le sucre, le glucose, l'amidon, les alcools de la série grasse, le glycol, le glycocolle, l'asparagine, l'aniline, les acides tartrique, citrique, benzoïque, salicylique,
phénique en milieux neutres, sont plus ou moins propres à la culture du microbe dénitrifiant; que le chloroforme et les oxalates
empêchent son développement.

Il est remarquable que l'acide phénique, l'acide salicylique,
l'aniline, qui sont d'excellents antiseptiques pour certains microbes,
n'empêchent pas le développement du *B. denitrificans*, même à des
doses supérieures aux doses habituelles. M. Müntz a bien voulu nous
citer des faits qui concordent avec nos observations, du moins pour

l'acide phénique; il a vu certains organismes le détruire à la dose de plusieurs grammes par litre.

Dans les cultures où l'on ajoute de l'aniline, on perçoit nettement l'odeur de nitrobenzine. Cette réaction intéressante, l'inverse de celle que l'on produit d'ordinaire dans les laboratoires ou dans l'industrie, s'explique par la mise en liberté, à l'état naissant, de l'oxygène nitrique [1], puisqu'on a :

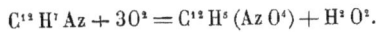

$$C^{12} H^7 Az + 3O^2 = C^{12} H^5 (Az O^4) + H^2 O^2.$$

43. On peut remplacer les liquides complexes, comme le bouillon de viande, par des liquides artificiels de composition connue. La constitution d'un pareil milieu exige de longs tâtonnements, dans le détail desquels il nous paraît inutile d'entrer.

En nous inspirant des travaux de même ordre dus à M. Pasteur et à M. Raulin, nous sommes arrivés, par degrés, à composer le liquide suivant, qui nous donne des fermentations au moins aussi rapides que les bouillons les plus riches.

Nitrate de potasse.	10^{gr},00
Acide citrique	7 ,00
Asparagine.	5 ,00
Phosphate de potasse.	5 ,00
Sulfate de magnésie	5 ,00
Chlorure de calcium cristallisé.	0 ,50
Sulfate de protoxyde de fer.	0 ,05
Sulfate d'alumine	0 ,02
Silicate de soude	0 ,02
Eau	1000 ,00
Ammoniaque.	q. s. pour neutraliser.

Toutes ces substances solides, exactement pesées, sont mises dans un ballon avec de l'eau distillée; on fait dissoudre à chaud, puis quand la solution est refroidie, on la sature avec l'ammoniaque

---

1. On doit sans doute expliquer par l'action de microbes dénitrifiants et non par des microzymas, comme l'a proposé M. J. Béchamp, le fait observé par M. Méhay, d'oxydation à froid de l'acide acétique dans les liquides neutres ou faiblement alcalins en présence des azotates et des phosphates alcalins. (*Journal de pharmacie et de chimie*, 4e série, t. XXIII, p. 184 ; et t. XXIV, p. 288. 1876.)

et on complète le volume à un litre. On distribue ensuite le liquide dans des fioles, pour la stérilisation.

44. Nous verrons, plus loin, l'influence de l'asparagine sur la nature des gaz dégagés. Pour le moment, il suffit de dire que le liquide artificiel ainsi constitué est comparable, comme milieu nutritif, au meilleur bouillon de viande contenant la même dose de salpêtre.

Dans le bouillon, le *B. denitrificans* donne rapidement du trouble et commence à dégager des bulles de gaz 15 à 18 heures après l'ensemencement. Dans le liquide artificiel, le trouble et les bulles gazeuses apparaissent un peu plus tard ; mais, quand la fermentation est bien établie, l'intensité du trouble devient supérieure à celle du bouillon ; elle est si considérable que la liqueur est opaque sous une faible épaisseur. En même temps, le microbe se multiplie avec une abondance telle qu'il est rare de voir, au microscope, plus d'organismes réunis que dans une goutte de ce liquide artificiel.

L'activité de la réduction est, d'ailleurs, à peu près la même dans les deux milieux. En effet, dans un essai comparatif, la proportion de nitrate détruit en vingt-quatre heures a été de 50 p. 100 dans le bouillon et de 48 p. 100 dans le liquide artificiel.

CHAPITRE II

Produits de la réaction.

45. Nous avons vu que la transformation des nitrates en nitrites se fait en général sans dégagement de gaz ; au contraire, la réduction plus complète de l'acide nitrique par le *Bacterium denitrificans,* engendre de l'azote ou du protoxyde d'azote et produit une mousse abondante et une effervescence très vive, comme dans une véritable fermentation.

I. — *Production d'azote.*

46. Nous examinerons d'abord le cas où l'azote se dégage en liberté, sans être combiné avec de l'oxygène ; c'est d'ailleurs le plus fréquent.

Dans un milieu riche en matières organiques, ce gaz est mélangé avec une certaine quantité d'acide carbonique ; mais si les conditions· sont telles que le liquide ne puisse être saturé par ce dernier à la température de l'expérience, le gaz dégagé est de l'azote pur. Il suffit pour cela que le milieu soit peu nutritif, car alors la proportion de nitrate décomposé est faible. En voici un exemple :

Le 8 août, on dissout 21 grammes de salpêtre dans $10^{lit},800$ d'eau d'égout stérilisée, et l'on porte le flacon ensemencé dans une étuve à température constante.

Le 9, le liquide s'est troublé dans toute la masse.

Le 12, le dégagement gazeux commence et se continue les jours suivants ; très faible pendant le mois de septembre, il a cessé complètement le 11 octobre.

Les volumes de gaz successivement recueillis ont été :

Le 14 août.	$17^{cc},5$
Le 23 août.	92 ,5
Le 25 août.	101 ,5
Le 3 septembre.	80 ,0
Le 11 octobre.	29 ,0
TOTAL.	$320^{cc},5$

Ce gaz a toujours été formé d'azote pur, sans acide carbonique.

Comme l'eau d'égout renferme peu de matières organiques, la fermentation s'est arrêtée, bien qu'il restât encore dans le liquide une très grande quantité de sel non décomposé. Il n'y a eu en effet que 3 grammes environ de nitrate réduit, correspondant à 800 centimètres cubes environ d'acide carbonique engendré. On voit que ce volume est tout à fait insuffisant pour saturer près de 11 litres de liquide, en supposant même, ce qui n'arrive pas, que le gaz soit entièrement libre et qu'aucune partie ne se combine avec la potasse du nitrate.

47. Voici, au contraire, des exemples de fermentation plus active, où de l'acide carbonique s'est dégagé avec l'azote.

I. Le 30 septembre, on met à l'étuve un flacon de un litre renfermant de la semence active et du bouillon de poulet additionné de nitrate de potasse.

La fermentation s'est établie rapidement et s'est prolongée jusqu'au 11 octobre, en donnant les gaz suivants :

	1er octobre.	2 octobre.	4 octobre.	11 octobre.
Volume total dégagé. .	102cc	100cc	115cc	42cc
Composition centésimale :				
Azote	75.9	87.5	97.7	100.0
Acide carbonique. . .	24.1	12.5	2.3	0.0
	100.0	100.0	100.0	100.0

II. Le 27 février, on met en marche un ballon contenant du bouillon de bœuf, additionné de 10 grammes d'azotate de potasse par litre.

La fermentation a dégagé successivement :

	28 février.	5 mars.	9 mars.
Volume total du gaz. . . .	76cc	136cc ,	21cc
Composition centésimale :			
Azote.	92.2	93.8	98.6
Acide carbonique.	7.8	6.2	1.4
	100.0	100.0	100.0

48. La proportion d'acide carbonique diminue toujours à la fin de la fermentation. Cela s'explique sans doute par ce fait qu'avec le microbe employé, il se fait d'abord du nitrite et que les deux tiers de l'oxygène de l'acide azotique servent à faire de l'acide carbonique avant que l'azote puisse se dégager. En réalité, les deux phases de la réduction ne sont pas absolument distinctes et successives ; elles coïncident en grande partie, car le nitrite est lui-même décomposable par le *Bacterium denitrificans.*

Les exemples précédents montrent bien quelle est la nature des gaz formés pendant la désoxydation complète de l'acide des nitrates ; mais ils ne permettent pas de savoir ce que deviennent tout l'azote et tout l'oxygène provenant de cette réduction. Il reste, il est vrai, dans les liquides fermentés beaucoup d'acide carbonique combiné avec la base ; mais quel est le volume exact de l'acide carbonique produit ?

49. Pour établir l'équation exacte du phénomène, il faut mesurer et doser avec précision les gaz dégagés, recueillir et analyser tout le

liquide fermenté. On ne peut, sans causes d'erreur, faire servir à cet usage les appareils, tels que flacons ou ballons munis de tubes abducteurs, d'où l'air ne serait pas chassé complètement.

Il faut, en outre, que liquides et récipients soient stérilisés, et que la semence puisse être introduite avec sa pureté primitive, afin d'éviter toute fermentation secondaire par des microbes étrangers.

50. Le dispositif le plus simple qui paraisse propre à éviter tout inconvénient est celui qui a servi à M. Pasteur pour l'étude de la fermentation alcoolique; il consiste en une éprouvette ou un ballon à long col remplis de mercure et renversés sur ce liquide. On y introduit un poids convenable du sel à décomposer, un volume connu de bouillon, et une trace de semence; si la fermentation s'établit, le gaz produit déprime le mercure sans sortir de l'appareil, et les lectures se font avec facilité.

Malgré sa simplicité apparente, cet appareil est lourd, peu maniable et difficile à stériliser dans toute sa masse. Nous l'avons essayé néanmoins plusieurs fois, en stérilisant à la fois le mercure et le liquide nitraté, mais malheureusement sans succès. Nos microbes s'y sont à peine développés.

51. Nous avons alors imaginé la disposition ci-contre :

Une grosse boule A (fig. 7), de 150 centimètres cubes environ de

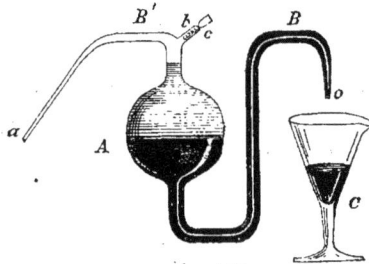

Fig. 7.

capacité, est soudée à deux tubes diamétralement opposés; le tube inférieur B est recourbé en S et son extrémité effilée *o* s'ouvre au-dessus d'un verre à pied C ; le tube supérieur B', deux fois recourbé, est effilé à son extrémité a, et porte latéralement, au point le plus élevé, un petit tube c étranglé et muni d'une bourre de coton b.

Après avoir introduit du mercure en A jusque vers le milieu de la boule, on ferme les effilures a et o et l'on stérilise le tout dans l'air chaud. Pendant le refroidissement, l'air extérieur, en pénétrant dans la boule, se purifie sur le coton b.

Pour remplir cet appareil de bouillon nitraté, on flambe la pointe a, on la brise, on la flambe de nouveau, et on l'introduit dans le flacon contenant le liquide préalablement stérilisé ; on aspire alors par la tubulure c, et, quand la boule est pleine, on retire le tube a qu'on scelle à la lampe.

La prise de la semence se fait de la même manière. Dès qu'elle est introduite, on brise l'extrémité o, et l'on scelle à la lampe la tubulure c.

S'il y a dégagement de gaz, celui-ci s'accumule dans la partie supérieure de la boule A, et refoule à la fois le liquide et le mercure. Ce dernier sort alors par l'orifice o et s'écoule dans le verre ; son poids permet de calculer le volume du gaz produit, en tenant compte de la température et des divers éléments de la pression. On peut d'ailleurs recueillir le gaz lui-même dans une éprouvette graduée, en recourbant l'extrémité a en forme de tube abducteur, et en exerçant en o une pression convenable de mercure.

52. Le 25 janvier, un de ces appareils fut rempli, comme il vient d'être dit, avec du bouillon contenant 10 grammes de salpêtre par litre, et ensemencé avec le *Bacterium denitrificans* β.

Après un séjour de trois jours à la température de 35 degrés, le liquide est resté limpide, tandis que dans nos tubes habituels de culture, la fermentation s'était déclarée en moins de vingt-quatre heures, avec la même semence.

Le 28 janvier, l'expérience fut répétée avec une semence plus jeune et plus active ; même résultat. Tandis que dans un ballon sans mercure ensemencé le même jour, avec le même microbe, la fermentation s'est régulièrement établie, au contraire, le liquide en contact avec le mercure est resté limpide jusqu'au 23 février suivant, c'est-à-dire pendant près d'un mois. Le microbe soumis à l'influence du mercure n'était cependant pas mort, car semé dans un tube de culture, il s'y est développé avec ses caractères ordinaires, seulement avec un peu plus de lenteur.

53. La présence du mercure a donc complètement empêché la multiplication et les fonctions du *B. denitrificans* β. Avec le *B. denitrificans* α, dont l'activité est beaucoup plus grande, l'action du mercure dans les appareils à boule est seulement diminuée ; la fermentation y commence plus tard, dure plus longtemps et donne moins de mousse que dans une fermentation comparative faite sans mercure.

Dans l'éprouvette renversée sur le mercure (50), le *B. denitrificans* α s'est développé plus péniblement encore que dans l'appareil précédent ; le liquide s'est à peine troublé, et n'a point donné de gaz. Cette différence tient sans doute à ce que la stérilisation du bouillon et celle du mercure ont été simultanées, et que, dans ces conditions, il a dû se diffuser plus de vapeurs mercurielles au sein du liquide nitraté que dans l'appareil à boule, où ce liquide a été superposé au mercure, à froid, après une stérilisation indépendante.

54. Quant à la présence du mercure dans le bouillon, elle est facile à démontrer par les méthodes si sensibles et si précises imaginées par M. Merget. Le savant professeur de la Faculté de médecine de Bordeaux a bien voulu le rechercher lui-même dans les trois échantillons suivants :

a Bouillon stérilisé et non ensemencé, en contact avec du mercure également stérilisé ;

b Bouillon non stérilisé et non ensemencé, en contact avec du mercure stérilisé ;

c Bouillon stérilisé ayant fermenté en contact avec du mercure stérilisé, sous l'influence du *B. denitrificans* α.

« Les trois échantillons de bouillon de culture, dit M. Merget dans « la note qu'il nous a remise, ont été soumis au même mode d'ana-« lyse.

« Une première prise, faite sur chacun d'eux, a été traitée par « l'acide sulfhydrique et les sulfhydrates alcalins, sans donner la « plus minuscule trace de précipité de sulfure de mercure.

« Sur une seconde prise, on a fait agir un fil de cuivre bien pur et

« bien décapé, plongeant d'un centimètre environ, qui a été retiré
« après vingt-quatre heures d'immersion, et introduit, après avoir
« été lavé à grande eau et desséché, dans un pli de papier sensible à
« l'azotate d'argent ammoniacal, dont il était séparé par quelques
« doubles de papier de soie ; on n'a constaté aucune apparence
« d'impression mercurielle.

« Une troisième prise, au contraire, traitée comme la précédente,
« mais après avoir été préalablement additionnée d'acide nitrique
« et portée pendant quelques instants à l'ébullition, a fourni des
« impressions mercurielles très nettement accusées.

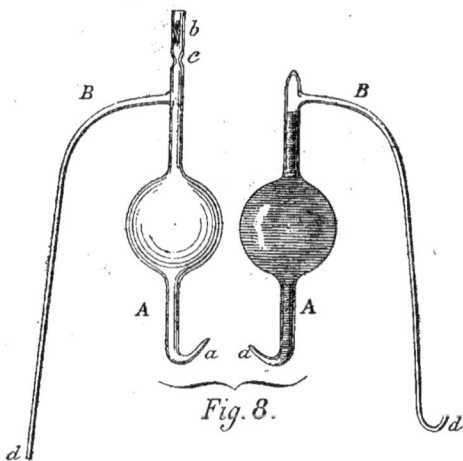

Fig. 8.

« Les résultats négatifs des deux premières séries d'essais per-
« mettent de conclure que les trois échantillons de bouillon de
« culture ne renfermaient pas de sels de mercure en dissolution.
« Comme on y rencontre néanmoins ce métal, ainsi que le démon-
« trent les résultats positifs de la troisième série d'essais, c'est qu'il
« s'y trouvait diffusé en vapeur, c'est-à-dire au même état que dans
« l'eau mercurielle.

« Cette conclusion est confirmée par l'expérience suivante : des
« papiers sensibles disposés au-dessus de couches de bouillon, sté-

« rilisé ou non, recouvrant du mercure, sont nettement impres-
« sionnées par les vapeurs mercurielles qui traversent les liquides
« superposés. »

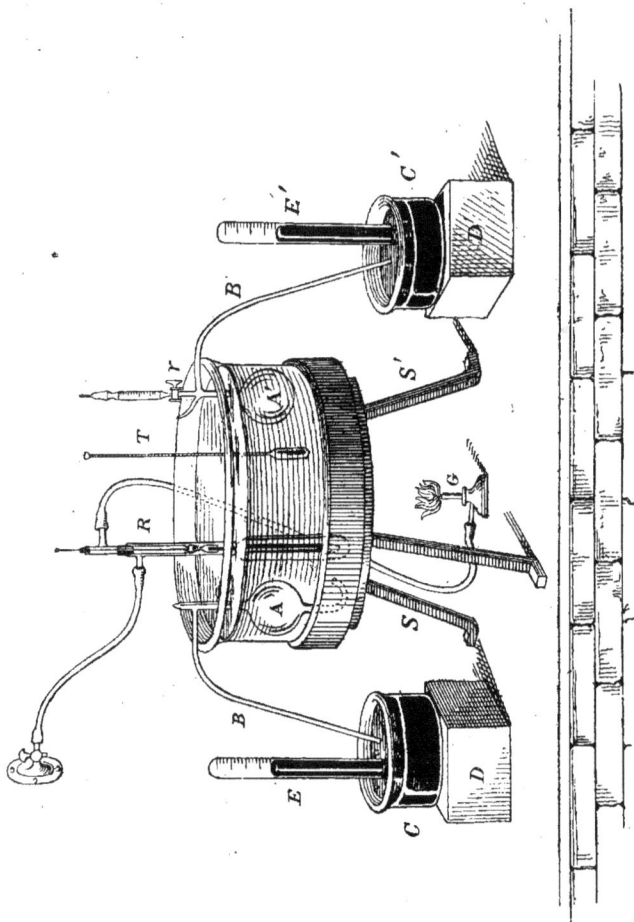

Fig. 9.

Les constatations faites par M. Merget, en établissant que le mercure se volatilise et se retrouve en nature dans les bouillons de

culture[1], expliquent les insuccès dont nous avons parlé plus haut, et prouvent que ce métal ne peut pas être employé sans inconvénient dans l'étude de certains infiniment petits.

55. Obligés de renoncer aux appareils précédents, nous avons, après plusieurs tentatives infructueuses, adopté le dispositif de la figure 8, p. 37.

Une boule A, de 150 centimètres cubes de capacité environ, est soudée à deux tubes diamétralement opposés. Le tube inférieur est retourné en bec effilé a ; le tube supérieur porte un tube de dégagement capillaire B, et un étranglement c, au-dessus duquel on place une bourre de coton b.

Les ouvertures a et d étant scellées à la lampe, on flambe cet appareil dans un poêle à air chaud ; pendant le refroidissement, l'air se purifie sur la bourre de coton.

Pour introduire un liquide, bouillon ou semence, on y plonge le tube d préalablement flambé et ouvert, et on aspire par b. On retire ensuite d, on le flambe, et on détache à la lampe l'extrémité b.

L'appareil ainsi ensemencé est plongé dans un bain-marie à température constante, comme le montre la figure 9 où T est un thermomètre et R un régulateur de M. Dupetit[2].

Le tube abducteur seul et la pointe c sortent du bain. Le tube à

---

1. M. Royer a montré que les vapeurs de mercure peuvent se diffuser à travers les liquides (*Mémoires de la Société des Sciences physiques et naturelles* de Bordeaux, 2e série, t. IV, p. xiv, xxvii et 259).

2. Le régulateur dont nous nous servons a été imaginé par M. Dupetit (*Mémoires de la Société des Sciences physiques et naturelles* de Bordeaux, 2e série, t. V, p. XLVII).

Il se compose (fig. 10 et 11) d'un gros réservoir A contenant du mercure et du pétrole superposés; un tube central B, soudé au réservoir dans sa partie rétrécie, plonge dans le mercure M et est lui-même rempli de ce liquide. Par sa dilatation, le pétrole fait monter le mercure dans le tube B; en même temps un flotteur en verre F, lesté en m, et dont les mouvements sont facilités par quelques gouttes d'eau glycérinée, se soulève et vient fermer plus ou moins l'orifice d'arrivée du gaz. L'obturation est obtenue à l'aide d'un disque de verre D, relié au flotteur par un petit ressort en spirale r ; une tige métallique t, qu'on peut élever ou abaisser à volonté, permet de laisser entre le tube à gaz C et le disque D l'ouverture nécessaire à l'entretien de la flamme minimum du bec. On règle à des températures plus ou moins élevées, en remontant plus ou moins le tube C, qui est maintenu dans l'axe de l'appareil à l'aide d'une couronne de bourrelets de verre b.

Cet appareil est d'une très grande sensibilité.

dégagement se rend sous une éprouvette pleine de mercure, mais
on attend pour mettre l'éprouvette que le bouillon ait pris la température du bain ; la dilatation du liquide chasse alors la plus grande

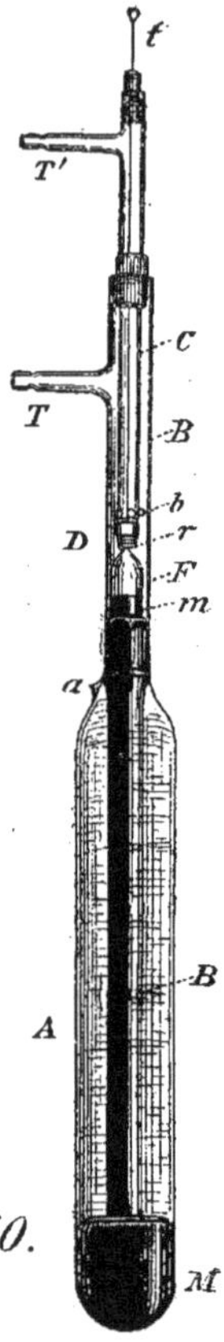

Fig.10.

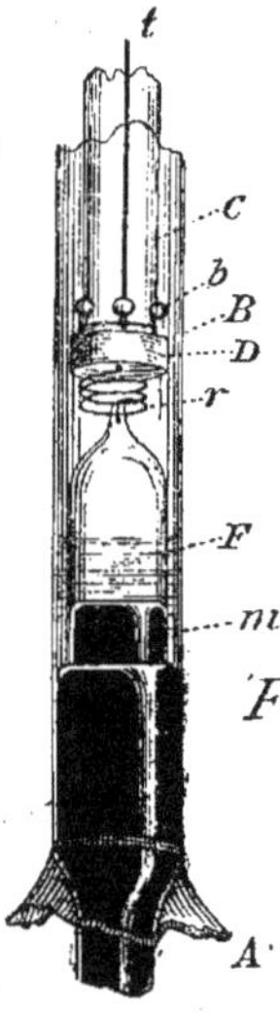

Fig.11.

partie de l'air contenu en B, de sorte que ce qui en reste est absolument négligeable.

56. Appliquons maintenant l'appareil de la figure 8 à l'étude de la

réduction du nitrate de potasse par le *B. denitrificans* α, le plus actif de ceux que nous avons isolés.

Le 12 février, on met dans le bain à la température de 35 degrés (fig. 9), un vase plein de bouillon de bœuf contenant 12 grammes par litre d'azotate de potasse avec une petite quantité de semence âgée de trois jours.

Le liquide s'est troublé en quelques heures, et en moins d'un jour la fermentation est complètement établie. La mousse gagne le tube abducteur et vient se liquéfier à la surface du mercure, où le nitrate entraîné continue à fermenter.

Le 14, la fermentation est moins tumultueuse.

Le 16, elle est très ralentie.

Le 20, elle est à peine sensible.

Le 23, elle est nulle ; on met fin à l'expérience.

A ce moment la plus grande partie du gaz est dans l'éprouvette, en contact avec une petite quantité de liquide fermenté ; le reste est dans le ballon, à la place du bouillon que la mousse a entraîné. Pour recueillir ce dernier gaz, on relie par un caoutchouc le tube *a* avec un réservoir plein de mercure, et l'on brise la pointe ; en pénétrant dans l'appareil, le mercure chasse le gaz dans une seconde éprouvette disposée à cet effet.

Ces deux volumes gazeux sont mesurés à 0° dans la glace fondante ; pour tenir compte de la pression propre à la vapeur du liquide fermenté, on la détermine directement dans un baromètre mouillé dont la chambre est recourbée et entourée de glace fondante.

Quant au liquide fermenté, on s'assure qu'il ne renferme plus de nitrate, et on l'utilise pour le dosage de l'acide carbonique dissous ou combiné et de l'ammoniaque formée.

Voici les données de l'expérience actuelle :

Volume de l'appareil	155^{cc},8
Densité du bouillon nitraté	1014
Richesse du bouillon en nitrate de potasse	12^{gr},000 par litre.
Poids du nitrate dissous	1 ,870
contenant { azote	0 ,259
oxygène nitrique	0 ,741
potasse	0 ,870

Pour déterminer le volume à 0° et à 760 du gaz contenu dans la première éprouvette, on a les observations suivantes :

Volume lu à 0° . . . .   208^{cc}
Pression atmosphérique réduite à 0°. . . . .   764^{mm},0

A retrancher :

1° Hauteur du mercure dans l'éprouvette. . . . 31^{mm},0
2° Hauteur en mercure du liquide fermenté. . . 1 ,4   } 35 ,5
3° Tension de vapeur à 0° du liquide fermenté. . 3 ,1

Pression du gaz. . . . .   728^{mm},5

On en déduit par le calcul :

Volume du gaz à 0° et à 760 . . . .   199^{cc},4

La composition de ce gaz, déduite de deux analyses concordantes, est de :

Azote 93.91
Acide carbonique. 6.09
                                        ————
                                        100.00

On a de même pour la seconde éprouvette de gaz :

Volume lu à 0° . . . .   23^{cc},4
Pression atmosphérique réduite à 0°. . . . .   764^{mm},0

A retrancher :

1° Hauteur du mercure dans l'éprouvette. . . . 80^{mm},0
2° Hauteur en mercure du liquide fermenté. . . 1 ,3   } 84 ,4
3° Tension de vapeur à 0° du liquide fermenté. . 3 ,1

Pression du gaz. . . . .   679^{mm},6

D'où l'on déduit :

Volume du gaz à 0° et à 760 . . . .   20^{cc},9

Ce gaz est composé de :

Azote. 97.67
Acide carbonique 2.33
                                        ————
                                        100.00

Le gaz produit par la fermentation se compose donc de :

	Azote.	Acide carbonique.	Gaz total.
1re éprouvette. .	187cc,3	12cc,1	199cc,4
2e — . .	20 ,4	0 ,5	20 ,9
Totaux. . . .	207cc,7	12cc,6	220cc,3

A ce volume d'acide carbonique, il faut ajouter celui qui a été retenu dans le liquide fermenté. Or, 50 centimètres cubes de ce liquide, traités par un acide dans le vide, ont donné 159 centimètres cubes d'acide carbonique pur, mesuré à 0° et à 760 ; les 155cc,8 de bouillon en contenaient donc $159 \times \dfrac{155,8}{50} = 495^{cc},4$.

On a par conséquent :

Acide carbonique gazeux	12cc,6
— dissous ou combiné	495 ,4
Total.	508cc,0

Si l'on suppose que tout l'azote du nitrate se dégage à l'état de gaz et que tout l'oxygène nitrique donne un volume d'acide carbonique égal au sien, on pourra calculer les volumes théoriques et les rapprocher des volumes donnés par l'expérience, comme il est fait dans le tableau suivant :

	VOLUMES calculés [1].	VOLUMES trouvés.
Azote	206cc	207cc,7
Acide carbonique.	515	508 ,0

57. Ces nombres sont assez voisins pour qu'on puisse admettre que la réaction se passe suivant la formule simple :

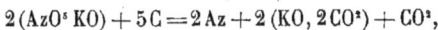

$$2\,(AzO^5\,KO) + 5\,C = 2\,Az + 2\,(KO, 2\,CO^2) + CO^2,$$

le carbone étant emprunté à la matière organique du bouillon.

---

1. On a pris pour le poids du litre d'azote le nombre 1gr,256, et pour rapport des volumes d'oxygène nitrique et d'azote le nombre $\dfrac{5}{2} = \dfrac{\text{vol } O^5}{\text{vol } Az}$

L'acide carbonique non combiné à l'état de bicarbonate de potasse s'unirait en partie à l'ammoniaque formée pendant la réaction ; une autre partie se trouverait en solution dans le bouillon et le reste se dégagerait à l'état gazeux.

Il se fait en effet de l'ammoniaque, car on trouve, à l'aide de l'appareil de M. Th. Schlœsing :

	Par litre.	Total.
Ammoniaque dans le bouillon fermenté. . .	493^{mg}	76^{mg},8
— — non ensemencé.	19	3 ,0
Ammoniaque formée pendant la réaction . .	474^{mg}	73^{mg},8

58. Voici les résultats d'une autre expérience, faite aussi à 35° avec le *B. denitrificans* α, commencée le 29 janvier et terminée le 9 février suivant :

Volume du liquide employé	60^{cc}
Poids de nitrate de potasse	0^{gr},725
contenant { azote	0 ,100
{ oxygène nitrique.	0 ,287
{ potasse.	0 ,338

Volume et composition du gaz recueilli :

Azote.	95.84	soit	83^{cc},0
Acide carbonique.	4.16	—	3 ,6
	100.00		86^{cc},6

Volume d'acide carbonique extrait du bouillon fermenté : 200^{cc}.

Comparaison entre les volumes calculés et les volumes trouvés :

	VOLUMES calculés.	VOLUMES trouvés.
Azote.	80^{cc}	83^{cc},0
Acide carbonique	200	203 ,6

Dosage de l'ammoniaque :

Dans le liquide fermenté	577^{mg} par litre.
Dans le liquide non ensemencé.	19 —
Ammoniaque formée dans la réaction . . .	558^{mg} par litre.

Soit 33^{mg},5 pour le bouillon employé.

59. Citons encore l'expérience suivante, relative aussi au *Bacterium denitrificans* α, commencée le 29 janvier à la température de 35° et terminée le 4 février suivant :

Volume du bouillon nitraté . . . . 157^{cc}
Poids du nitrate de potasse employé. . . . . 1^{gr},884
contenant { azote . . . . 0 ,261
oxygène nitrique. . . . . 0 ,746
potasse. . . . . 0 ,877

Volume et composition du gaz recueilli :

Azote . . . . 90.82 soit 225^{cc},5
Acide carbonique. . . . . 9.18 — 22 ,8
                              _____ _____
                                100.00   248^{cc},3
Volume de l'acide carbonique dissous . . . . 498^{cc},0
    —   —   dégagé . . . . 22 ,8
                                                   _____
  — total de l'acide carbonique produit. . . . . 520^{cc},8

Comparaison entre les volumes calculés et les volumes trouvés :

	Calculés.	Trouvés.
Azote.	208^{cc}	225^{cc},5
Acide carbonique	520	520 ,8

Ammoniaque formée pendant la réaction : 576^{mg} par litre.
Soit 90^{mg},4 pour le bouillon total.

60. Enfin, dans la dernière expérience que nous rapportons, l'ensemencement a été fait le 27 février ; on a recueilli successivement quatre éprouvettes de gaz jusqu'à la fin de la fermentation, arrivée le 9 mars. La température était toujours de 35° :

Volume du ballon. . . . . 151^{cc}
Poids du nitrate de potasse. . . . . 1^{gr},832
contenant { azote. . . . . 0 ,254
oxygène nitrique . . . . 0 ,726
potasse. . . . . 0 ,852

Volumes de gaz dégagés dans les quatre éprouvettes :

	1re éprouvette.	2e éprouvette.	3e éprouvette.	4e éprouvette.	Gaz total.
Azote	70^{cc},1	77^{cc},8	49^{cc},5	20^{cc},3	217^{cc},7
Acide carbonique .	5 ,9	5 ,2	3 ,2	0 ,3	14 ,6
	76^{cc},0	83^{cc},0	52^{cc},7	20^{cc},6	232^{cc},3

L'acide carbonique dissous ou combiné n'ayant pas été dosé exactement, on ne peut comparer que les volumes d'azote. On a ainsi :

Volume d'azote calculé. . . . . 202^{cc}
— — trouvé . . . . 217 ,7

Ammoniaque produite pendant la réaction : 576^{mg} par litre.
Soit 87^{mg} pour le volume de bouillon mis en expérience.

61. Résumons les quatre expériences précédentes, et nous aurons le tableau suivant :

POIDS de nitrate décomposé.	VOLUMES D'AZOTE		VOLUMES d'acide carbonique		AMMONIAQUE formée.
	calculés.	trouvés.	calculés.	trouvés.	
1^{gr},870	206^{cc}	207^{cc},7	515^{cc}	508^{cc},0	73^{mg},8
0 ,725	80	83 ,0	200	203 ,6	33 ,5
1 ,884	208	225 ,5	520	520 ,8	90 ,4
1 ,832	202	217 ,7	»	»	87 ,0
6 ,311	696	733 ,9	1235	1232 ,4	284 ,7

On en déduit comme moyenne, pour un gramme de nitrate de potasse décomposé :

	Calculé.	Trouvé.	Différences.
Azote.	110^{cc},3	116^{cc},3	6^{cc},0 soit 5.4 p. 100 en plus.
Acide carbonique . .	275 ,7	275 ,2	0 ,5 — 0.2 — en moins.
Ammoniaque. . . .	»	45^{mg},1	»

62. On voit que la différence entre le volume théorique et le volume trouvé d'acide carbonique est négligeable ; tout l'oxygène de l'acide nitrique peut donc être considéré comme combiné avec le carbone de la matière organique du bouillon. Quant à l'azote, l'écart entre le volume trouvé et le volume calculé d'après la formule écrite plus haut, ne peut s'expliquer en entier par des erreurs d'analyse ; l'excès provient donc de la matière organique azotée du liquide.

63. On le vérifie d'ailleurs autrement. Supposons, en effet, que la matière organique azotée du bouillon ait la composition habituelle

des matières albuminoïdes [1]. Comme pour faire 275^{cc},7 d'acide carbonique à 0° et à 760, correspondant à un gramme d'azotate de potasse, il faut 0^{gr},148 de carbone [2], le bouillon devra contenir 0^{gr},273 de matières albuminoïdes, qui se décomposent ainsi :

Carbone.	0^{gr},148
Azote.	0 ,043
Hydrogène, oxygène et soufre.	0 ,082
	0^{gr},273

Or, pendant la fermentation, il s'est fait 45^{mg},1 d'ammoniaque renfermant 37 milligrammes d'azote. Il reste donc 43 — 37 = 6 milligrammes d'azote non combinés à l'hydrogène et pouvant donner 4^{cc},8 d'azote gazeux [3]. Ce chiffre, très peu différent de 6,0, justifie donc l'excès de gaz azote trouvé dans nos expériences.

64. En résumé, si l'on ne considère que le nitrate, la formule déjà admise :

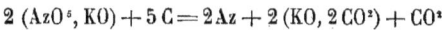

$$2 (AzO^5, KO) + 5 C = 2 Az + 2 (KO, 2 CO^2) + CO^2$$

est bien celle de la réaction.

Il en résulte une conséquence importante au point de vue de la richesse que doivent avoir les liquides de cultures en matière organique. En effet, nous venons de voir que, pour utiliser tout l'oxygène nitrique de l'azotate de potasse, il faut au moins 0^{gr},148 de carbone ou 0^{gr}, 273 de substances albuminoïdes pour 1 gramme de sel. Nos solutions étant faites généralement à la dose de 10 grammes de nitrate par litre, il faut que les bouillons renferment au moins 2^{gr},73

1.	Carbone.	54.3
	Hydrogène.	7.1
	Azote.	15.8
	Oxygène.	21.0
	Soufre.	1.8
		100.0

(*Dictionnaire de Würtz*, article *Substances albuminoïdes*.)

2. On prend pour poids du litre d'acide carbonique 1^{gr},293 × 1,529 = 1^{gr},977.

3. On néglige ce que le microbe a pu utiliser pour sa multiplication, car le poids formé est extrêmement faible. Il a pu d'ailleurs emprunter de l'azote à de la matière albuminoïde non oxydée.

de matière azotée par litre. Si l'on y ajoute le poids des autres matières organiques et des matières minérales, l'extrait devra atteindre de 4 à 5 grammes au moins par litre. Or, le bouillon de bœuf qui nous a servi jusqu'ici en renferme 16^{gr},40, ce qui est plus que suffisant. Il est peu de microbes aussi exigeants que ceux qui nous occupent et nous en voyons la raison.

65. *Influence de la concentration du bouillon.* — D'après ce qui précède, en affaiblissant un bouillon avec de l'eau, on doit diminuer la dose de nitrate décomposable. C'est aussi ce qui est arrivé dans l'expérience suivante :

Le 23 mai, on ensemence avec des quantités égales de *B. denitrificans* α, deux appareils de culture contenant :

a. { Bouillon de bœuf de densité 1014 [1].
   { Nitrate de potasse : 10 grammes par litre.
b. { Bouillon de bœuf étendu au quart (d = 1004).
   { Nitrate de potasse : 10 grammes par litre.

A la température de 35°, la fermentation a été plus lente et moins énergique avec *b* qu'avec *a ;* le 29, elle était terminée dans les deux appareils.

On a obtenu comparativement :

	a.	b.
Volume de l'appareil.	162^{cc}	156^{cc}
Nitrate restant par litre	0^{gr},13	6^{gr},30
— décomposé par litre	9 ,87	3 ,70
Poids total du nitrate décomposé.	1 ,599	0 ,577
Volume total du gaz dégagé.	210^{cc},3	60^{cc},5
Azote total dégagé	187 ,9	»
Acide carbonique dégagé.	22 ,4	»

Il a donc suffi d'ajouter de l'eau distillée au bouillon pour le priver d'une partie du carbone nécessaire à l'utilisation de tout l'oxygène nitrique.

66. En restituant ce carbone sous une autre forme, on pourra espérer que la fermentation du nitrate sera totale. Pour le vérifier,

---

1. Ce bouillon est préparé par l'ébullition pendant une heure de une partie viande de bœuf désossée et dégraissée et deux parties eau.

nous avons essayé d'emprunter ce corps à des matières non azotées, telles que glucose, amidon, lactate de chaux.

L'expérience a été faite, à 35°, dans les appareils de la figure 8 (p. 37), avec le même bouillon étendu au quart que celui de *b* dans l'expérience précédente, et le *B. denitrificans* α pour semence.

Le 20 mai, on a ensemencé :

a. { Bouillon de bœuf étendu ($d = 1004$).
{ Glucose : 5 p. 100.
{ Nitrate de potasse : 10 grammes par litre.

b. { Bouillon de bœuf étendu ($d = 1004$).
{ Amidon : 2 p. 100.
{ Nitrate de potasse : 10 grammes par litre.

c. { Bouillon de bœuf étendu ($d = 1004$).
{ Lactate de chaux : 5 p. 100.
{ Nitrate de potasse : 10 grammes par litre.

La fermentation ne s'est établie que dans *a* et *b* ; elle a été terminée le 29 ; le bouillon *c* est resté limpide. Le liquide glucosé n'a nullement l'odeur butyrique ; l'amidon s'est fluidifié et le bouillon est devenu presque transparent.

Le résultat est celui-ci :

	a.	*b.*
Volume de l'appareil	156cc	136cc
Nitrate restant par litre.	0gr,00	5gr,25
— décomposé par litre	10 ,00	4 ,75
Poids total de nitrate décomposé	1 ,560	0 ,646
Volume total du gaz dégagé	240cc,3	66cc,3
Azote total dégagé.	181 ,9	»
Acide carbonique dégagé	58 ,4	»

Le poids total de glucose détruit a été de 0gr,952.

67. Si l'on rapproche ces nombres de ceux de l'expérience précédente, on voit que les éléments du glucose peuvent se substituer à ceux du bouillon, pour conduire jusqu'à la fin la décomposition du nitrate. L'amidon, au contraire, n'a produit aucun effet, car la fermentation n'a pas été poussée plus loin qu'avec le bouillon étendu seul ; bien que devenu soluble, sans doute sous l'action de diastases sécrétées par le microbe, il n'a pas été saccharifié, et n'a pas pu s'oxyder en réduisant le salpêtre. Quant au lactate de chaux, il n'a même pas permis le développement du ferment.

68. Le *Bacterium denitrificans* β, quoique moins actif que l'autre, décompose néanmoins une assez forte proportion de salpêtre, et donne très sensiblement les mêmes produits avec le bouillon de bœuf, ainsi qu'on peut en juger par l'expérience suivante :

Le 28 janvier, on ensemence un appareil (fig. 8) contenant du bouillon de bœuf nitraté à la dose de 12 grammes de sel par litre, et on le place à la température constante de 35°.

Le 29, trouble léger ; pas de bulles.

Le 30, le trouble a augmenté ; un peu de mousse dans le tube abducteur.

La fermentation s'est activée peu à peu ; elle a atteint son maximum le 10 février ; puis elle s'est ralentie, et le 26 février elle était terminée. Le nitrate de potasse n'était pas entièrement détruit ; il en restait $2^{gr},550$ par litre ; il en avait été décomposé $9^{gr},450$ par litre.

On a :

Volume du ballon	136^{cc}
Poids total de nitrate détruit.	$1^{gr},285$

Volume et composition du gaz dégagé :

Azote.	$143^{cc},4$ soit	83.15
Acide carbonique	29 ,0 —	16.85
	$172^{cc},4$	100.00

Le volume calculé d'azote est de $143^{cc},1$, très voisin du volume trouvé.

Il ne s'est pas fait de protoxyde d'azote.

Le poids d'ammoniaque n'a été que de 187 milligrammes par litre, soit $25^{mgr},4$ pour le volume de bouillon fermenté.

II. — *Production de protoxyde d'azote.*

69. Nous avons trouvé (page 31) que les *B. denitrificans* (α et β) se développent très bien et donnent une mousse abondante dans le liquide artificiel ainsi composé :

Nitrate de potasse. 10ᵍʳ
Acide citrique 7
Asparagine. 5
Phosphate de potasse. 5
Sulfate de magnésie. 5
Chlorure de calcium cristallisé. . . . . . 0 ,50
Sulfate de protoxyde de fer . . . . 0 ,05
Sulfate d'alumine . . ._. . . . . 0 ,02
Silicate de soude . . . . 0 ,02
Eau, pour volume total. 1000
Ammoniaque. . . . . q. s. pour neutraliser.

Considérons d'abord l'action du microbe α. Avec lui, le nitrate est rapidement décomposé; mais, au lieu de donner de l'azote pur, il dégage du protoxyde d'azote en quantité telle, que le gaz, débarrassé de son acide carbonique, peut rallumer une allumette présentant quelques points en ignition.

70. L'appareil de la figure 8, que nous avons déjà employé pour le bouillon de viande, va encore nous servir pour étudier la composition exacte du gaz dégagé, et rechercher l'influence de quelques conditions particulières sur cette composition.

Le 27 février, un de ces appareils est rempli de liquide artificiel stérilisé, ensemencé avec du *B. denitrificans* α, et placé dans un bain-marie à la température constante de 35°.

Un autre appareil contenant le même liquide artificiel, mais sans nitrate, est ensemencé comme le premier, et disposé à côté de lui; il est resté parfaitement limpide jusqu'à la fin de l'expérience. C'est une nouvelle preuve que le milieu dont il s'agit est impropre au développement du microbe.

Le 28, à 8 heures du matin, léger trouble; pas encore de bulles; à 6 heures du soir, le liquide est très trouble, et le gaz commence à se dégager.

Le 1ᵉʳ mars, la fermentation est très active et le dégagement abondant. Elle s'affaiblit dès le lendemain, et, le 9, elle a cessé complètement.

Tout le nitrate a disparu.

Voici les données et les résultats de l'expérience :

Volume de l'appareil . . . .   153^{cc},8
Densité du liquide artificiel.   1021
Richesse du liquide en nitrate de potasse. . . . .   10^{gr},340 par litre [1].
Poids total du nitrate employé . . . .   1 ,590
contenant { azote. . . . .   0 ,220
oxygène nitrique . . . .   0 ,630
potasse . . . .   0 ,740

Le gaz a été recueilli dans deux éprouvettes ; les lectures, faites à
0°, ont été ramenées à la pression de 760.

On s'est assuré, dans chaque cas, de l'absence du bioxyde d'azote,
et l'on a dosé le protoxyde en l'absorbant par de l'alcool absolu
préalablement bouilli et conservé dans des ampoules scellées.

Composition en centièmes :

	1re éprouvette.	2e éprouvette.
Azote.	38.70	40.43
Protoxyde d'azote.	49.10	40.96
Acide carbonique	12.20	18.61
	100.00	100.00

d'où pour les volumes recueillis :

	1re éprouvette.	2e éprouvette.	Gaz total.
Azote.	47^{cc},8	13^{cc},4	61^{cc},2
Protoxyde d'azote	60 ,7	13 ,6	74 ,3
Acide carbonique	15 ,1	6 ,2	21 ,3
	123^{cc},6	33^{cc},2	156^{cc},8

Dosage de l'ammoniaque :

Dans le liquide fermenté . . . .   2^{gr},414 par litre.
—   non ensemencé. . . . .   1 ,887   —
Ammoniaque formée pendant la réaction. . . . .   0 ,527 par litre.

Soit 81^{mgr},1 pour le volume total du liquide employé.

Les gaz dissous et l'acide carbonique combiné dans le liquide

---

1. Ce nombre diffère un peu de celui qui est indiqué dans le tableau de la composition du liquide artificiel, parce que la stérilisition, qui est faite à l'autoclave dans
des flacons bouchés seulement avec du coton, modifie légèrement la proportion d'eau.

n'ont pas été mesurés directement; mais on peut admettre, sans erreur sensible, les proportions de l'expérience suivante (71), qui a été faite dans les mêmes conditions. On trouve ainsi :

```
Protoxyde d'azote. . . . . . . . . . . . .    29cc,9
Acide carbonique . . . . . . . . . . . . .    414 ,4
```

On en déduit pour la composition des produits gazeux de la réaction :

```
Azote. . . . . . . . . . . . . . . . . .    61cc,2
Protoxyde d'azote. . . . . . . . . . . . .   104 ,2
Acide carbonique . . . . . . . . . . . .    435 ,7
```

71. Le 12 mars, on répète l'expérience avec le même microbe, dans un appareil que nous désignerons par la lettre A.

Le 18, la fermentation est achevée :

```
Volume de l'appareil. . . . . . . . . . . . . . . . .    141cc
Poids du nitrate de potasse employé. . . . . . . . . .   1gr,385
            ( azote . . . . . . . . . . . . . . . . .   0 ,192
renfermant  { oxygène nitrique . . . . . . . . . .      0 ,549
            ( potasse . . . . . . . . . . . . . . .     0 ,644
```

Volume total et composition du gaz dégagé :

```
Azote . . . . . . . . . . . . . .    63cc,6 soit  48.03
Protoxyde d'azote. . . . . . . . .   54 ,4   —   41.09
Acide carbonique. . . . . . . . .    14 ,4   —   10.88
                                    _____  _____
                                    132cc,4   100.00
```

Gaz dissous et acide carbonique combiné :

```
Protoxyde d'azote . . . . . . . . . . . .    27cc,4
Acide carbonique . . . . . . . . . . . .    379 ,9
```

Les produits gazeux de la réaction sont donc formés de :

```
Azote. . . . . . . . . . . . . . . . .    63cc,6
Protoxyde d'azote. . . . . . . . . . . .   81 ,8
Acide carbonique . . . . . . . . . . . .   394 ,3
```

Ammoniaque formée pendant la fermentation : 459 milligrammes par litre, soit 64mgr,7, pour le volume de liquide artificiel employé.

72. Le protoxyde d'azote renfermant son volume d'azote, on obtiendra le volume total de l'azote dégagé, libre ou combiné avec l'oxygène, en faisant la somme Az + AzO ; si l'on rapproche alors les résultats de l'expérience des volumes calculés, on trouve :

POIDS de nitrate décomposé.	VOLUMES D'AZOTE		VOLUMES d'acide carbonique.		AMMONIAQUE formée.
	Calculés.	Trouvés.	Calculés.	Trouvés.	
$1^{gr},590$	$175^{cc},0$	$165^{cc},4$	$437^{cc},5$	$435^{cc},7$	$81^{mmg},1$
1 ,385	152 ,7	145 ,4	381 ,7	394 ,3	64 ,7
2 ,975	327 ,7	310 ,8	819 ,2	830 ,0	145 ,8

La moyenne de ces résultats donne pour un gramme de sel décomposé :

	Calculé.	Trouvé.	Différence.
Azote.	$110^{cc},2$	$104^{cc},5$	5.7 soit 5.1 p. 100 en moins.
Acide carbonique. . .	275 ,7	279 ,0	3.3 — 1.2 — en plus.
Ammoniaque. . . .	»	49^{mg}	

Comme dans la fermentation du bouillon nitraté, la différence entre le volume calculé et le volume trouvé d'acide carbonique est peu importante ; on peut admettre que tout l'oxygène nitrique sert à brûler le charbon de la matière organique du milieu. Le poids d'ammoniaque formée est sensiblement le même dans le liquide artificiel que dans le bouillon. Quant à l'azote, au lieu de trouver un excès, comme à la page 46, nous avons au contraire un déficit de 5 p. 100, qui tient sans doute à la composition spéciale du liquide. Nous n'avons pas contrôlé cette hypothèse, parce que notre but principal, dans ces expériences, était de constater la formation du protoxyde d'azote dans des conditions déterminées de milieu et de rechercher quelques circonstances pouvant influer sur sa proportion.

73. 1° *Influence de la température.* — Le 12 mars, on dispose un appareil à fermentation B, sur la table du laboratoire, à la température ordinaire, dont la moyenne a été de 15 degrés. Cet appareil renferme le même liquide artificiel, la même quantité de la même semence, et est installé en même temps que l'appareil A de l'expérience précédente, lequel a été mis à 35 degrés.

La fermentation s'est établie lentement :

Le 17, le liquide est opalin ; la mousse commence à se former.

Le 26, le liquide est trouble ; le gaz se dégage faiblement.

Le 10 avril, le dégagement a cessé, bien qu'il reste dans l'appareil beaucoup de nitrate de potasse non décomposé.

Voici, par comparaison avec l'appareil maintenu à 35 degrés, le volume et la composition du gaz recueilli :

	A. ($t = 35^o$.)	B. ($t = 15^o$.)
Volume total dégagé	$132^{cc},4$	$58^{cc},0$

Composition centésimale :

Azote.	48.03	60.35
Protoxyde d'azote	41.09	16.55
Acide carbonique	10.88	23.10
	100.00	100.00

L'élévation de la température favorise donc la production du protoxyde d'azote.

74. 2° *Influence de la quantité de semence.* — A la même température, et dans le même liquide, on peut aussi faire varier la proportion du protoxyde d'azote ; il suffit, pour cela, d'une modification en apparence insignifiante dans le détail de la mise en marche de la fermentation.

Ainsi, le 12 mars, on a placé à côté de l'appareil A ci-dessus, dans le même bain, à la température de 35 degrés, un appareil semblable C ; mais tandis que A a reçu 10 gouttes de semence, C n'en a reçu qu'une goutte.

Le 13, alors que A dégageait déjà du gaz, C commençait à peine à se troubler.

Le lendemain 14, la fermentation était très active dans les deux appareils ; elle était achevée dans l'un et l'autre, le 17.

Il y a donc eu seulement du retard dans le départ de la fermentation, et cependant la proportion de protoxyde d'azote a été, toutes choses égales d'ailleurs, beaucoup plus abondante dans C que dans A, ainsi que le montre la comparaison des résultats obtenus :

	A.	C.
Volume total du gaz dégagé.	132cc,4	127cc,7

Composition centésimale :

Azote	48.03	13.31
Protoxyde d'azote	41.09	75.57
Acide carbonique.	10.88	11.12
	100.00	100.00
Ammoniaque formée par litre.	459mg	476mg

Tandis qu'avec A il s'est fait moins de protoxyde d'azote que d'azote, avec C, il y en a eu près de six fois plus.

75. 3° *Influence de la concentration.* — Enfin, la concentration même du liquide artificiel fait varier la composition du gaz dégagé.

Le 17 mai, on ensemence avec du *B. denitrificans* α et on met à 35° deux ballons contenant :

> *a.* — Liquide artificiel normal (*d* = 1021).
> *b.* — — étendu (*d* = 1012).

La fermentation est commencée dès le lendemain et achevée le 20 dans les deux appareils.

Le gaz recueilli est ainsi composé :

	Dans *a.*	Dans *b.*
Azote.	35.24	61.89
Protoxyde d'azote.	47.68	31.83
Acide carbonique	17.08	6.28
	100.00	100.00

La proportion relative de protoxyde d'azote augmente ainsi avec la concentration comme avec la température.

76. 4° *Influence de la nature du microbe.* — Après un tel résultat, on ne sera pas étonné qu'en changeant de microbe, le liquide et la température restant identiques, on puisse voir disparaître le protoxyde d'azote lui-même. Le cas se présente si l'on prend pour semence le *B. denitrificans* β.

Ainsi, le 12 mars, en même temps que les appareils A et C (74), on a mis à 35° un ballon D contenant du liquide artificiel complet et ensemencé avec dix gouttes d'un bouillon où le microbe dont il s'agit s'était développé : A et D sont donc tout à fait comparables.

Le liquide s'est peu troublé, le gaz n'a commencé à se dégager
que le 26, et enfin toute fermentation n'a cessé que le 10 avril suivant ; il restait beaucoup de nitrate non décomposé.

Volume du gaz recueilli. . . . . 48^{cc},6

Composition centésimale :

Azote.	82.30
Protoxyde d'azote.	0.00
Acide carbonique	17.70
	100.00

On ne peut invoquer ici pour expliquer l'absence de protoxyde la
lenteur de la fermentation, car dans l'appareil B (73), où elle n'a
pas été plus active, on a trouvé néanmoins 16.55 p. 100 de ce gaz,
malgré la température relativement basse de l'expérience.

77. Il résulte de ces divers essais que :

1° Le *B. denitrificans* α donne toujours à la fois de l'azote et du
protoxyde d'azote avec notre liquide artificiel complet.

2° Le *B. denitrificans* β ne donne que de l'azote dans les mêmes
conditions.

78. 5° *Influence de l'asparagine.* — Mais le premier de ces infiniment petits peut aussi ne dégager que de l'azote ; il suffit pour cela
de supprimer l'asparagine dans le liquide artificiel.

L'expérience est faite parallèlement dans deux appareils contenant :

a. — Liquide artificiel, avec asparagine.
b. —   —   sans asparagine.

Le 23, on ensemence ces deux liquides avec le même microbe α,
et on met les appareils à la température de 35 degrés.

La fermentation a été plus active dans *b* que dans *a*, surtout au
début ; le 27, elle est terminée dans les deux appareils.

Le gaz recueilli est composé de :

	a.	b.
Azote.	64.65	81.35
Protoxyde d'azote.	23.23	0.00
Acide carbonique	12.12	18.65
	100.00	100.00

On s'est assuré qu'il n'y avait point de bioxyde d'azote.

Le liquide était un peu étendu ($d = 1018$ au lieu de 1021), ce qui explique pourquoi la proportion de protoxyde d'azote est plus · faible dans a qu'avec le liquide normal.

79. La formation de protoxyde d'azote, dans la décomposition des nitrates par les infiniment petits, est donc fonction à la fois de la composition du milieu, de la nature du microbe et de son activité physiologique. Il est peu probable, d'après cela, qu'il existe des organismes donnant toujours du protoxyde d'azote pur, quel que soit le liquide nutritif employé dans les cultures.

CHAPITRE III

Mécanisme de la réduction.

80. Nous avons fréquemment employé, dans les chapitres précédents, les expressions de « fermentation » et de « ferment » ; il nous reste à examiner si elles sont justifiées.

On a déjà vu que la réduction des nitrates par le *Bacterium denitrificans* (α ou β) présente les caractères extérieurs d'une véritable fermentation : trouble, mousse, dégagement de gaz. De plus, le poids des organismes développés est infime par rapport au poids des substances détruites, ce qui est le propre des ferments. Enfin, la chaleur dégagée est considérable, comme le prouve l'expérience.

81. Il est difficile de mesurer toute la chaleur produite pendant une fermentation, parce que le phénomène est lent et que les pertes par rayonnement, par conductibilité ou par toute autre cause, compensent en grande partie l'élévation de température due à la réaction. Mais on peut avoir une première approximation, un minimum, en déterminant une fermentation énergique à l'aide d'une semence active et abondante, et en opérant sur de grands volumes de liquide, dans des vases peu conducteurs ou protégés contre le refroidissement par une couche isolante de laine ou de coton.

82. Voici une expérience disposée avec ces précautions :

Un grand ballon en verre, de six à sept litres de capacité, est fermé par un bouchon percé de trois trous (fig. 12) par où passent :

Fig. 12.

1° un tube D deux fois recourbé et effilé en *a*, destiné au remplissage et à l'ensemencement; 2° un tube coudé C, muni d'une bourre de coton *b*, pour l'aspiration; 3° un tube à essai ordinaire A, dont le fond pénètre jusqu'au centre du ballon : ce tube renferme un peu de mercure où plonge un thermomètre T, destiné à mesurer les températures du liquide.

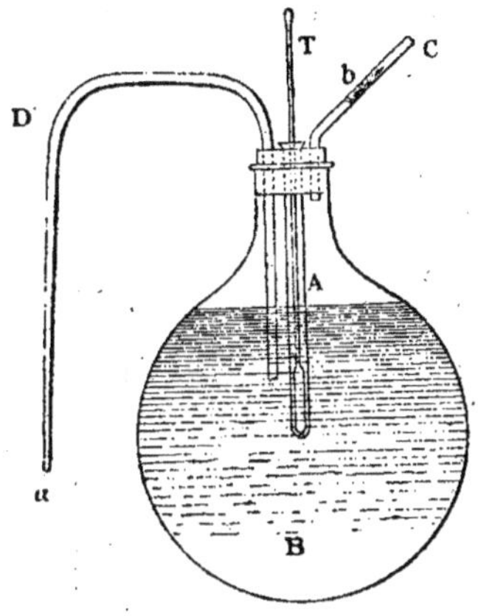

L'ensemble peut être chauffé à 200 degrés dans un poêle à gaz, si cela est nécessaire. Après refroidissement, on introduit l'extrémité ouverte *a* dans un réservoir contenant le liquide de culture, préalablement stérilisé, et l'on aspire par le tube C. On remplit ainsi lentement le ballon, jusqu'à une certaine distance du col, de façon à laisser de la place à la mousse produite pendant la fermentation.

Le 17 octobre, on prépare, comme on vient de le dire, quatre ballons contenant respectivement :

B, du bouillon de bœuf à 10 grammes de nitrate de potasse par litre;
B_1, de l'eau pure;
B', du liquide artificiel renfermant 15 grammes de salpêtre par litre;
B_1', de l'eau pure.

Chaque ballon, muni d'un thermomètre contrôlé, est porté à la température de 35 degrés; B et B' sont ensemencés largement avec du *B. denitrificans* α pris dans du bouillon en pleine fermentation; B_1 et B_1' doivent servir de termes de comparaison.

Les quatre ballons sont alors disposés comme l'indique la figure 13, au milieu d'une couche épaisse de laine L dans une caisse rectangulaire en bois, à l'intérieur d'une étuve chauffée à la température moyenne de 35 degrés.

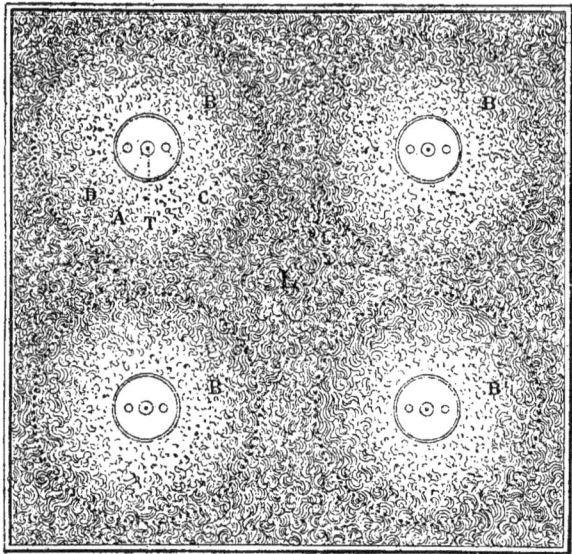

Fig. 13.

Le tableau suivant donne les températures observées :

	BALLON B. (Bouillon).	BALLON B₁. (Eau).	BALLON B'. (Liquide artificiel).	BALLON B₁'. (Eau).
Le 17, à 6ʰ 30ᵐ du soir . . .	35° 0	35° 0	35° 0	35° 0
Le 18, à 9 30 du matin . .	37 5	34 0	36 6	34 0
— à 10 30 — . .	37 7	33 5	37 4	33 5
— à 11 30 — . .	38 0	33 5	38 2	33 9
— à 4 » du soir . . .	39 3	33 8	43 5	34 0
— à 5 15 — . . .	39 3	34 0	44 0	34 0
— à 6 45 — . . .	39 0	34 0	43 8	34 0
— à 8 30 — . . .	38 8	34 0	43 2	34 0
Le 19, à 10 » du matin . .	38 7	34 2	39 0	34 0
— à 3 30 du soir. . .	36 5	34 1	37 8	34 0
Le 20, à 9 » du matin . .	35 4	34 0	35 1	33 6
Le 21, à 3 » du soir. . .	33 0	32 5	32 5	32 1

En prenant les moyennes de B_1 et de B_1' et les retranchant respectivement des chiffres trouvés pour B et pour B', on aura les excès successifs de température dus à la fermentation, abstraction faite de la température variable de l'étuve ; on obtient ainsi :

TEMPS ÉCOULÉ depuis l'ensemencement.	TEMPÉRATURES moyennes de B_1 et de B'_1.	EXCÈS DE TEMPÉRATURE	
		dans B.	dans B'.
Heures.			
0.	35° 00	0° 00	0° 00
15.	34 00	3 50	2 60
17.	33 50	4 50	4 70
21 $^1/_2$ . . .	33 85	5 45	9 65
22 $^3/_4$ . . .	34 00	5 30	10 00
24 $^1/_4$ . . .	34 00	5 00	9 80
26.	34 00	4 80	9 20
39 $^1/_2$ . . .	34 10	4 60	4 90
45.	34 05	2 45	3 75
66 $^1/_2$ . . .	33 80	1 60	1 30
92 $^1/_2$ . . .	32 30	0 70	0 20

83. Ces résultats sont représentés d'une manière plus saisissante par les courbes de la figure 14, où les abscisses sont proportionnelles

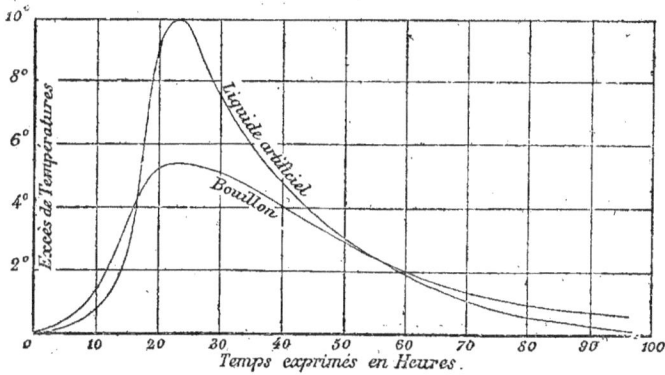

Fig. 14.

aux temps et les ordonnées proportionnelles aux excès de température.

On voit que l'élévation de température, dans les conditions de notre expérience, a atteint :

Pour le bouillon . . . . 5°45
Pour le liquide artificiel. 10 00

84. On peut prévoir, par le calcul, qu'il doit y avoir dégagement de chaleur, bien que la décomposition du nitrate de potasse suivant la formule

$$AzO^5, KO = Az + O^5 + KO$$

se fasse, comme on sait, avec absorption de chaleur.

Soit d'abord le bouillon. On a vu que le carbone de la matière albuminoïde est brûlé par l'oxygène de l'acide nitrique, et que les quatre cinquièmes de l'acide carbonique formé donnent du bicarbonate de potasse, le reste de l'acide carbonique se retrouvant à l'état libre dans le gaz dégagé, ou en solution dans la liqueur, ou en combinaison avec de l'ammoniaque. Si l'on ne considère que les réactions les plus importantes, on a :

$2(KO, AzO^5)$ diss. $= 2$ KO diss. $+ 2$ Az $+ 10$ O. $-28^c,1' \times 2 = -\ 56^c,2$
5 C (diamant) $+ 10$ O $= 5$ CO^2 diss. . . . . $+ 49,8 \times 5 = +249,0$
2 KO diss. $+ 4$ CO^2 diss. $= 2(KO, 2CO^2)$ diss. $+ 11,1 \times 2 = +\ 22,2$

TOTAL . . . . $+215,0$

Pour avoir un chiffre exact, il faudrait ajouter au précédent les quantités de chaleur provenant de toutes les autres réactions, et, en particulier, de la décomposition de la matière organique et de la formation de carbonate d'ammoniaque. Mais cette première approximation est suffisante pour montrer le sens du phénomène thermique.

C'est donc au minimum $\dfrac{215}{2} = 107^c,5$ qui apparaissent dans la

---

1. Ce nombre se calcule ainsi :

KO, AzO^5 diss. $=$ KO diss. $+$ AzO^5 diss. . . . $-13^c,8$
AzO^5 diss. $=$ Az $+ 5$O . . . . $-14,3$

d'où, en faisant la somme membre à membre,

KO, AzO^5 diss. $=$ KO diss. $+$ Az $+ 5$O. . . . $-28^c,1$

réduction d'un équivalent, soit de 104 grammes de salpêtre ; admettons, pour simplifier, une Calorie par gramme de sel.

Puisque notre bouillon renferme 10 grammes de nitrate de potasse par litre, la fermentation lui fournira 10 Calories par litre ; et, comme pour ce liquide, Pc[1] diffère peu de l'unité, la température devra s'élever de 10 degrés environ. Dans la pratique, l'augmentation sera moindre, parce que le phénomène n'est pas instantané, qu'il y a des causes de déperdition et que le microbe utilise une partie de la chaleur pour son développement. Nous n'avons obtenu plus haut que $5°45$.

85. Avec le liquide artificiel, on trouve des résultats analogues. Le cas le plus simple est celui où nous n'avons employé comme matière organique que de l'acide citrique, sans asparagine ; nous avons montré (78) que le *B. denitrificans* α décompose alors le nitrate, comme avec le bouillon, et dégage de l'azote sans protoxyde d'azote.

Le calcul s'établit comme suit, en supposant que l'acide citrique se transforme tout entier en acide carbonique et en eau :

$$18 \, (AzO^5, KO) \text{ diss.} = 18 \, KO \text{ diss.} + 18 \, Az + 90 \, O. \quad - \quad 28^c,1 \times 18 = \quad - \quad 505^c,8$$
$$5 \, C^{12} H^8 O^{14} \text{ diss.} + 90 \, O = 60 \, CO^2 \text{ diss.} + 40 \, HO. \quad + 526,0^2 \times \ 5 = \ + 2630,0$$
$$18 \, KO \text{ diss.} + 36 \, CO^2 \text{ diss.} = 18 \, (KO, 2\,CO^2) \text{ diss.} \ . \quad + \quad 11,1 \times 18 = \ + \quad 199,8$$

$$\text{TOTAL.} \ . \ . \ . \ . \ . \ . \ . \ . \ . \ . \ + 2324,0$$

On néglige encore toutes les autres réactions, telles que décomposition du citrate d'ammoniaque, formation de carbonate d'ammoniaque, dissolution ou dégagement d'une partie de l'acide carbonique, dont l'ensemble ne changerait pas sensiblement le total précédent.

Il résulte de cette première approximation que la réduction complète d'un équivalent de salpêtre, dans le liquide artificiel, dégage au minimum $\dfrac{2324}{18} = 129$ Calories, et que la réduction de 15 grammes

---

1. P est le poids d'un litre de bouillon, c sa chaleur spécifique.

2. Ce nombre résulte du calcul suivant :

On a :

Chaleur de combustion de l'acide citrique solide, dégage $+ 486^c$.

donc

$C^{12} H^8 O^{14}$ diss. $+ 18 \, O = 12 \, CO^2$ diss. $+ 8 \, HO$,   dégage $486 + 6,4 + 2,8 \times 12 = + 526^c$.

6,4 et 2,8 étant les chaleurs de dissolution de l'acide citrique et de l'acide carbonique.

de sel dégage $\frac{129}{101} \times 15 = 19$ Calories environ. Si toute cette chaleur était appliquée à un litre d'eau, ou, ce qui est très près de la vérité, si Pc était égal à l'unité pour le liquide artificiel, on aurait obtenu une élévation de température de 19 degrés, abstraction faite des causes de déperdition énumérées plus haut. Nous avons observé seulement 10 degrés.

86. La théorie et l'expérience sont ainsi d'accord pour montrer que la réduction des nitrates par le *B. dénitrificans* est accompagnée d'un grand dégagement de chaleur. Il ne manque donc rien au phénomène pour qu'il ait les caractères d'une véritable fermentation.

Quant au microbe, il dispose d'une énergie extérieure bien supérieure à celle qui lui est nécessaire pour son développement, et se trouve, par ce fait, plus favorisé que la plupart des ferments les mieux définis[1].

---

1. Peu de fermentations fournissent autant de chaleur *sensible* que la dénitrification. On verra plus loin que le thermomètre n'a accusé aucune élévation de température dans la fermentation butyrique du glucose et de l'amidon. La fermentation alcoolique elle-même, dans les mêmes conditions expérimentales, donne peu de chaleur; l'expérience suivante en est la preuve:

Le 15 décembre, on a mis dans le ballon B de la figure 13 de l'eau de levure sucrée à 180 grammes (l'équivalent du glucose) par litre; dans le ballon B', la même eau de levure sucrée à 18 grammes (le dixième de l'équivalent) par litre; dans B_1 et B_1' de l'eau, comme dans l'expérience n° 82. Les ballons B et B' ont été ensemencés largement avec une levure haute de brasserie en pleine activité.

La fermentation s'est déclarée rapidement; la mousse a été épaisse et abondante; au bout de trois jours, la mousse commence à tomber. Le 18, on met fin à l'expérience et l'on dose le glucose restant : dans B_1 il en reste 77 grammes par litre; il y en a donc eu 103 grammes par litre transformés en alcool et acide carbonique; dans B', il ne reste rien; tout a fermenté.

Voici le tableau des températures observées et les excès qu'on en déduit :

	TEMPÉRATURES OBSERVÉES			EXCÈS DE TEMPÉRATURES	
	dans B.	dans B'.	moyenne de B_1 et de B_1'.	dans B.	dans B'.
Le 15 décembre, à 11 h. du matin.	25°50	25°45	25°45	0°05	0°00
Le 16 — à 10 h. du matin.	26 00	25 10	24 95	1 05	0 15
— — à 6 h. du soir . .	26 00	25 00	24 65	1 35	0 35
Le 17 — à 11 h. du matin.	26 00	24 90	24 30	1 70	0 60
— — à 7 h. du soir . .	26 00	24 70	24 10	1 90	0 60
Le 18 — à 9 h. du matin .	25 60	24 20	23 75	1 85	0 45

Ainsi, pour plus de 100 grammes de sucre disparu par litre en trois jours, la température s'est élevée de moins de 2 degrés dans B, et pour 18 grammes disparus dans

87. On ne peut cependant ranger la dénitrification dans la classe des fermentations proprement dites, dont la fermentation alcoolique est le type, parce qu'ici il n'y a pas de corps fermentescible unique, tel que le sucre, dont le dédoublement dégage la chaleur indispensable à la vie du ferment. D'une part, en effet, le nitrate, loin de fournir de la chaleur, en absorbe au contraire pour se décomposer. D'autre part, les substances qui, avec le nitrate, constituent nos liquides de culture, ne permettent pas, seules, la vie du *B. denitrificans,* en dehors de l'oxygène de l'air, car nous avons vu que, dans des vases complètement remplis et ensemencés avec du ferment jeune et actif, le liquide artificiel, exempt de nitrate, conserve indéfiniment une limpidité parfaite, et que le bouillon, dans les mêmes conditions, devient à peine opalescent. Mais ces substances qui, sans oxygène libre, ne sont pas fermentescibles pour notre microbe, sont néanmoins favorables à son développement au contact de l'air, puisque, dans ce cas, les liquides en grande surface se recouvrent d'une couche épaisse et membraneuse de bactéries.

Le concours simultané du nitrate et de la substance organique du milieu est donc indispensable pour constituer la *matière fermentescible.* Ce qui le prouve encore, c'est que le dégagement gazeux

---

B', l'excès n'a pas dépassé 0°60. Ce dégagement *sensible* de chaleur est donc beaucoup plus faible que dans la dénitrification; puisque, toutes choses égales d'ailleurs, la réduction de 10 grammes seulement de salpêtre par litre a donné un excès de 5°45.

Le calcul conduit d'ailleurs à un chiffre plus faible pour la fermentation alcoolique que pour la dénitrification. On a en effet :

$$C^{12} H^{12} O^{11} \text{ diss.} = 2 C^4 H^6 O^2 \text{ diss.} + 4 CO^2 \text{ gaz.} + x.$$

$$\text{État initial.} \ldots \quad C^{12}, H^{11}, O^{12}.$$
$$\text{— final.} \ldots \quad 2 C^4 H^6 O^2 \text{ diss., } 4 CO^2 \text{ gaz.}$$

$$1^{er} \text{ cycle.} \begin{cases} C^{12} + H^{12} + O^{12} = C^{12} H^{11} O^{12} \text{ diss.} & 267^c \\ C^{12} H^{12} O^{12} \text{ diss.} = 2 C^4 H^6 O^2 \text{ diss.} + 4 CO^2 \text{ gaz} \ldots & x \end{cases}$$

$$\overline{ 267 + x}$$

$$2^e \text{ cycle.} \begin{cases} C^6 + H^{12} + O^4 = 2 C^4 H^6 O^2 \text{ diss} \ldots \ldots \ldots & 146 \\ 4 C + 8 O = 4 CO^2 \text{ gaz} \ldots \ldots \ldots \ldots \ldots & 188 \end{cases}$$

$$\overline{ 334}$$

$$\text{d'où } x = 67.$$

Abstraction faite des causes de déperdition, la chaleur théorique dégagée serait de 67 calories pour 180 grammes, soit de 37,2 calories pour 100 grammes de glucose, tandis que, pour la réduction de 100 grammes de salpêtre par le *B. denitrificans,* elle est, au minimum de 106 calories, soit trois fois plus forte.

RÉD. DES NITRATES.　　　　　　　5

cesse et les liqueurs s'éclaircissent, dès que la décomposition du sel est achevée.

88. Les remarques qui précèdent ne permettent pas non plus d'expliquer la dénitrification par une réaction secondaire, comme on le fait pour la formation d'acide sulfhydrique aux dépens du soufre dans les expériences si intéressantes de M. Miquel [1]. On ne peut en effet, comme dans ce dernier cas, produire, à volonté, des réactions successives ou simultanées. Ici, le nitrate et le milieu sont décomposés simultanément ; sinon, il n'y a pas réaction.

89. Comme on vient de le voir, le *B. denitrificans* ne peut pas, sans le concours d'un nitrate, faire fermenter les matières organiques que nous lui avons présentées, et il les laisse toutes intactes, y compris même le glucose et l'amidon ; il ne les décompose et ne s'en nourrit qu'en présence de l'oxygène libre ou d'un nitrate. Dès lors, on ne peut expliquer les phénomènes que nous avons étudiés par l'action d'un corps réducteur ayant pris naissance dans la décomposition des matières dont il s'agit.

Mais d'autres microbes font fermenter ces matières et engendrent des corps réducteurs, tels que de l'hydrogène naissant. Il était intéressant de rechercher si les nitrates, placés dans ces nouvelles conditions, seraient également décomposés.

90. Nous avons, dans ce but, isolé à l'état de pureté un *Bacillus amylobacter*, dont nous allons donner d'abord les caractères, et que nous ferons agir ensuite sur des liquides nitratés.

Nous avons choisi de préférence ce microbe, parce que, dans leurs recherches *sur la réduction des nitrates dans la terre arable,* MM. Dehérain et Maquenne [2] paraissent lui attribuer le rôle actif.

Il est facile de se le procurer, car il se développe spontanément dans toutes les macérations de matières amylacées. On l'isole et on le purifie en combinant des cultures successives avec la dilution, l'action de la chaleur et celle du vide.

Celui qui nous a servi présente la forme de bâtonnets de 0.8 à

1. Miquel, *Bulletin de la Société chimique,* t. XXXII, p. 127. — Duclaux, *Chimie biologique,* p. 717.
2. *Annales agronomiques,* t. IX, p. 6, 1883.

1.1 μ de largeur sur une longueur très variable comprise pourtant, en général, entre 5 et 10 μ. Chaque bâtonnet donne facilement une ou deux spores rondes ou légèrement ovoïdes, d'un diamètre presque toujours supérieur au sien et pouvant atteindre jusqu'à 1.2 et même 1.8 μ [fig. 15 (*voir* pl., fig. 2)].

Le bacille est mobile, d'un mouvement assez lent, mais ses articles sont rigides et ne sont jamais flexueux comme ceux du vibrion butyrique du lactate de chaux.

L'iode le colore souvent en bleu, surtout un peu avant la formation des spores.

Il fait fermenter butyriquement le sucre, le glucose, l'empois d'amidon ; il sécrète une diastase qui fluidifie ce dernier, puis le saccharifie, avant de le dédoubler ; le gaz qui se dégage est composé d'hydrogène et d'acide carbonique ; il est sans action sur le lactate de chaux, additionné ou non de nitrate de potasse, ce qui le distingue encore du véritable vibrion butyrique. Il se rapproche à ce point de vue du *Bacillus butylicus* de M. A. Fitz ou du *Tyrothrix urocephalum* de M. Duclaux[1], dont il diffère d'ailleurs par d'autres caractères.

91. On peut colorer ce bacille par les procédés décrits à propos du *Bacterium denitrificans,* mais avec quelques modifications.

Comme il ne sécrète aucune matière visqueuse ou albuminoïde, il est nécessaire d'additionner les liquides de culture d'une petite quantité d'albumine avant de les étaler sur la lame de verre. Il faut de plus éliminer, s'il y a lieu, le glucose non décomposé ; on y arrive par un lavage à l'alcool, après fixation de la préparation par la chaleur. Quand l'alcool est évaporé, on ajoute la solution colorante, et on procède ensuite selon le mode ordinaire. Malgré ce lavage, il est fort difficile d'obtenir une bonne préparation colorée, si le liquide contient une forte proportion de glucose ; presque toujours dans ce cas, l'adhérence des microbes à la lame de verre est nulle et la plupart des organismes sont entraînés dans le lavage à l'eau.

La décoloration du fond de la préparation est plus difficile qu'avec la bactérie des nitrates ; aussi le séjour dans l'eau distillée doit-il être un peu plus prolongé.

---

1. Duclaux, *Chimie biologique,* p. 547 et 656.

92. Voici quelques expériences qui établissent le mode d'action du *Bacillus amylobacter* sur le glucose et sur l'amidon. Elles ont été faites avec des appareils de la forme de la figure 8 à la température de 35°.

Le 3 juin, on ensemence avec du *Bacillus amylobacter* deux appareils contenant :

> *a.* — Bouillon de bœuf étendu ($d = 1004$).
>   Glucose : 5 p. 100.
> *b.* — Bouillon de bœuf étendu ($d = 1004$).
>   Amidon en empois : 2 p. 100.

La fermentation s'est établie, beaucoup plus active avec *b* qu'avec *a* ; le 8, elle s'est arrêtée dans les deux appareils, sans doute parce que le liquide y est très acide.

Volume et composition du gaz dégagé :

	a.	*b.*
Volume total du gaz	73^{cc}	168^{cc}
Composé de :		
Hydrogène.	75.34	49.46
Acide carbonique	24.66	50.54
	100.00	100.00

Il a disparu dans *a* 0.29 p. 100 de glucose, soit 0^{gr},42 pour le liquide employé, dont le volume était de 146 centimètres cubes.

Dans l'appareil *b*, il ne reste plus d'amidon, car l'iode n'est pas bleu ; on y trouve :

> Glucose. . . . . 0.64 p. 100.
> Dextrine . . . . 0.36 —

représentant environ 1 p. 100 d'amidon. Il y a donc eu à peu près 1 p. 100 d'amidon transformé par la fermentation butyrique.

93. Le 11 juin, nouvelle expérience dans les mêmes appareils contenant :

> *a.* — Bouillon de bœuf étendu ($d = 1004$).
>   Glucose : 2 p. 100.
> *b.* — Bouillon de bœuf étendu ($d = 1004$).
>   Amidon en empois : 2 p. 100.

Le 12, fermentation avec grosse mousse dans *a*, sans mousse dans *b*.

Le 15, *a* ne fermente plus ; dans *b*, fermentation très active.

Le 18, *b* ne fermente plus.

Comme dans l'expérience précédente, l'amidon convient mieux à ce bacille que le glucose. Le liquide fermenté est très acide dans les deux cas.

Gaz recueilli :

	a.	*b.*
Volume total.	58^{cc},4	346^{cc},0

Composition centésimale :

Hydrogène.	80.47	44.10
Acide carbonique .	19.53	55.90
	100.00	100.00

Si l'on prend la moyenne des résultats assez concordants obtenus dans ces deux expériences, on aura des chiffres qui représenteront l'action relative du *Bacillus amylobacter* sur le glucose et sur l'amidon, dans les conditions spéciales où la fermentation s'est opérée.

	Pour le glucose.	Pour l'amidon.
Hydrogène.	77.90	46.78
Acide carbonique .	22.10	53.22
	100.00	100.00

94. En mettant dans l'appareil à glucose du carbonate de chaux, pour saturer les acides, à mesure qu'ils se produisent, on pousse plus loin la fermentation, comme on devait s'y attendre.

Ainsi, le 18 juin, on ensemence avec le *B. amylobacter* une fiole à fond plat contenant, avec du carbonate de chaux stérilisé et étalé en grande surface, du bouillon de bœuf étendu (*d* = 1004) et additionné de 2 p. 100 de glucose.

La fermentation a été très active ; on a obtenu jusqu'au 22 :

Volume total de gaz . . . . 595^{cc}

Composé de :

Hydrogène	38.67	soit 230^{cc},1
Acide carbonique.	61.33	364 ,9
	100.00	595^{cc},0

95. Nous voilà donc en possession d'un microbe qui peut dégager, si on le désire, de grandes quantités de gaz hydrogène à l'état naissant, et qui, vraisemblablement, réduira rapidement les nitrates. Nous allons voir qu'il n'en est rien.

Et d'abord, on ne peut faire agir sur lui que de faibles quantités de nitrate, car son action sur le glucose ou sur l'amidon s'arrête dès que la proportion de sel dépasse 5 grammes environ par litre ; il faut, pour réussir, ajouter peu à peu ce sel à la liqueur en fermentation, ce qui exige l'emploi d'un dispositif spécial.

96. Dans divers essais, faits soit avec de la terre calcaire sucrée, soit avec du bouillon glucosé, additionné de carbonate de chaux, nous avons constaté que le nitrate était à peine réduit, malgré le dégagement abondant d'hydrogène. Nous avons craint que l'état solide du carbonate ne fût une cause d'erreur et d'illusion. Si l'on considère en effet un grain de carbonate ou de terre entouré d'une solution de glucose et de nitrate, l'action du bacille est très énergique en ce point, puisque la saturation des acides y est complète. L'hydrogène naissant peut réduire par conséquent tout le nitrate immédiatement voisin, mais s'il y en a en excès, ce qui est admissible, le gaz inutile sort bien vite, en se dégageant, de la sphère d'action du microbe. L'énergie qu'il possédait au moment précis de sa formation cesse alors d'être utilisable, et il traverse les couches supérieures du liquide, comme un simple courant d'hydrogène, sans attaquer le sel dissous.

97. Si peu importante que puisse être cette cause d'erreur dans un milieu toujours en mouvement par l'effet même de la fermentation, nous avons néanmoins voulu l'écarter complètement, en saturant les acides, au fur et à mesure de leur production, non par un carbonate solide, mais par une solution de carbonate de potasse.

L'appareil suivant permet d'ajouter aux liqueurs, quand on le veut, des solutions alcalines ou nitratées, sans introduire de gaz

étranger, et tout en conservant la pureté primitive du *Bacillus amylobacter.*

98. Cet appareil, représenté seul dans la fig. 16 et dans un bain
d'eau à température constante (fig. 9), se compose d'une fiole ou
ballon A dont le col porte un tube de dégagement B, et un petit
tube *t* étranglé et muni d'une bourre de coton *b* ; l'ouverture du col
est soudée à un tube à robinet R, surmonté d'un réservoir cylin-
drique T, de forme allongée et divisé en parties d'égale capacité.
L'extrémité inférieure *o* s'ouvre à l'intérieur de A et l'orifice supérieur est recouvert du bouchon conique C des matras Pasteur.

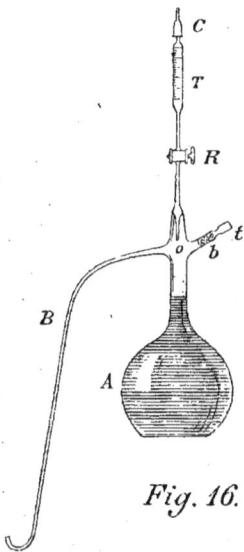

Fig. 16.

L'appareil est stérilisé vide dans l'air
chaud, avec son tube abducteur scellé
à la lampe et le robinet R fermé. Pendant le refroidissement, l'air qui pénètre en A se purifie en *b* et celui qui
entre en T se purifie sur le coton du
bouchon conique C.

On introduit le liquide de fermentation, puis la semence, par la tubulure B, préalablement flambée et ouverte, en aspirant par le tube *t* ; on
ferme alors l'étranglement à la lampe.
La solution alcaline ou nitratée est ver-
sée en T, avec les précautions habituelles, comme dans une fiole de culture. Si l'on veut en faire écouler un
volume connu dans le ballon A, il n'y a
qu'à ouvrir le robinet R, de manière
que le niveau supérieur du liquide
parcourt un nombre déterminé de divisions.

99. 1° *Fermentation butyrique du glucose.* — Le 23 juillet, nous
semons du *Bacillus amylobacter* très jeune dans deux de ces appareils, *a* et *a'*, contenant chacun du bouillon de bœuf étendu
(*d* = 1004) et 2 p. 100 de glucose.

Le réservoir de *a* reçoit une solution aqueuse de :

Carbonate de potasse . . . . 20 p. 100.

Celui de a', une solution aqueuse de :

Carbonate de potasse . . . . 20 p. 100.
Nitrate de potasse 20   —

Les deux ballons sont mis dans un bain à la température de 35°.

Le lendemain 24, la fermentation est établie dans les deux ; le volume et la composition du gaz dégagé sont sensiblement les mêmes ; on a en effet :

	Dans a.	Dans a'.
Volume total du gaz à 0° et à 760 . . .	25^{cc}	19^{cc}

Composition centésimale :

Hydrogène.	85.83	85.41
Acide carbonique	14.17	14.59
	100.00	100.00

Cette composition diffère de celle de la page 69 : ce qui s'explique parce que, avant de se dégager, l'acide carbonique doit saturer le liquide.

L'état de la fermentation étant ainsi le même dans les deux appareils, on fait écouler du réservoir dans le ballon respectivement un centimètre cube de la solution alcaline de a et un centimètre cube de la solution alcaline nitratée de a' ; c'est donc 200 milligrammes de carbonate de potasse et 200 milligrammes d'azotate de potasse que l'on ajoute.

Le dégagement gazeux s'est tout d'abord un peu ralenti dans a'; puis il est devenu plus actif que dans a. Le 26, on a recueilli une première éprouvette de gaz ; le 1er août, la fermentation a cessé.

Le dosage de l'acide carbonique a été fait avec l potasse, celui de l'hydrogène par l'eudiomètre ; on a ainsi obtenu :

	AVEC a.			AVEC a'.		
	1re éprouvette.	2e éprouvette.	Gaz total.	1re éprouvette.	2e éprouvette.	Gaz total.
Azote.	0^{cc},0	0^{cc},0	0^{cc},0	1^{cc},9	0^{cc},8	2^{cc},7
Hydrogène. . . .	35 ,9	3 ,9	39 ,8	21 ,9	5 ,3	27 ,2
Acide carbonique.	36 ,1	5 ,0	41 ,1	21 ,2	9 ,9	31 ,1
	72^{cc},0	8^{cc},9	80^{cc},9	45^{cc},0	16^{cc},0	61^{cc},0

Correspondant aux compositions centésimales suivantes :

	AVEC a.			AVEC a'		
	1re éprou-vette.	2e éprou-vette.	Gaz total.	1re éprou-vette.	2e éprou-vette.	Gaz total.
Azote.	0.00	0.00	0.00	4.19	4.45	4.43
Hydrogène. . . .	49.86	43.56	49.20	48.73	33.43	44.59
Acide carbonique.	50.14	56.44	50.80	47.08	62.12	50.98
	100.00	100.00	100.00	100.00	100.00	100.00

Les deux ballons avaient exactement la même capacité, 159 centimètres cubes.

La proportion d'acide carbonique s'est accrue par la décomposition du carbonate de potasse. Mais il est remarquable qu'elle soit exactement la même, 51 p. 100 environ, dans les deux cas. Si le volume total du gaz dégagé est plus faible avec a' qu'avec a, cela peut tenir à la gêne que le microbe éprouve en présence du nitrate de potasse.

Les deux liquides sont butyriques et un peu acides ; a' renferme de faibles traces de nitrite.

Le dosage du nitrate et du glucose montre qu'il a disparu :

Dans a. . . . . 0gr,51 de glucose.

Dans a'. . . . . { 0 ,51 de glucose.
{ 0 ,0535 de nitrate.

La proportion de salpêtre réduit est donc de 26.7 p. 100 du sel ajouté.

Le titrage de l'ammoniaque a donné :

	Par litre.	Pour 159cc (vol. commun de a et de a').
Dans le bouillon non ensemencé. .	45mg,9	7mg,3
Dans a.	40 ,1	6 ,4
Dans a'.	71 ,1	11 ,3

D'où l'on déduit les variations dues à la fermentation :

Perte dans a.	5mg,8	0mg,9
Gain dans a'.	25 ,2	4 ,0
Gain total dû à la présence du nitrate.	31mg,0	4mg,9
Azote correspondant à ce gain. . .	25 ,5	4 ,0

Ajoutons le poids de l'azote ammoniacal à celui des 2^{cc},7 d'azote dégagé à l'état de gaz, et nous aurons :

Azote ammoniacal.	4^{mg},0
Azote gazeux.	3 ,4
Total.	7^{mg},4

Or, les 53^{mg},5 de salpêtre détruit renferment précisément 7^{mg},4 d'azote. Nous voyons ainsi que l'hydrogène naissant n'a transformé en ammoniaque que 54 p. 100 de l'azote nitrique provenant de la réduction.

100. 2° *Fermentation butyrique de l'amidon.* — En même temps que l'essai précédent, et dans le même bain à 35°, on a disposé, le 23 juillet, deux autres ballons *b* et *b'* ensemencés avec le même ferment et contenant l'un et l'autre du bouillon de bœuf étendu (*d* = 1004) avec 2 p. 100 d'empois d'amidon. Le réservoir de *b* ne renferme qu'une solution aqueuse de carbonate de potasse à 20 p. 100 ; celui de *b'* renferme une solution aqueuse de 20 p. 100 de carbonate de potasse et de 20 p. 100 de nitrate de potasse.

Le 24, la fermentation est établie également dans les deux ; les gaz dégagés ont même composition et sensiblement même volume ; on a, en effet :

	Dans *b*.	Dans *b'*.
Volume total du gaz à 0° et à 760 . . .	66^{cc}	62^{cc}

Composition centésimale :

Hydrogène.	78.20	77.79
Acide carbonique	21.80	22.21
	100.00	100.00

On fait alors écouler respectivement un centimètre cube des solutions alcalines.

La fermentation n'a pas paru retardée dans *b'* par suite de la présence du nitrate de potasse ; le gaz a été recueilli et analysé les 26, 27 et 28 juillet et 1ᵉʳ août. On met fin à l'expérience le 1ᵉʳ août, parce que la fermentation est achevée dans les deux ballons.

Voici les volumes de gaz recueillis successivement :

Dans b :

	Le 26 juill.	Le 27 juill.	Le 28 juill.	Le 1er août.	Gaz total.
Azote.	0cc,0 [1]	6cc,0	0cc,0	0cc,0	0cc,0
Hydrogène.	80 ,6	68 ,7	45 ,3	44 ,0	238 ,6
Acide carbonique . .	108 ,4	114 ,3	73 ,7	74 ,4	370 ,8
	189cc,0	183cc,0	119cc,0	118cc,4	609cc,4

Correspondant à la composition centésimale :

	Le 26 juill.	Le 27 juill.	Le 28 juill.	Le 1er août.	Gaz total.
Azote.	0.00	0.00	0.00	0.00	0.00
Hydrogène.	49.86	36.16	38.04	43.56	39.15
Acide carbonique . .	50.14	63.84	61.96	56.44	60.85
	100.00	100.00	100.00	100.00	100.00

Dans b', on a eu :

	Le 26 juill.	Le 27 juill.	Le 28 juill.	Le 1er août.	Gaz total.
Azote.	0cc,0 [1]	0cc,0	0cc,3	1cc,1	1cc,4
Hydrogène.	84 ,1	77 ,1	33 ,0	14 ,8	209 ,0
Acide carbonique . .	108 ,9	142 ,9	72 ,2	37 ,1	361 ,1
	193cc,0	220cc,0	105cc,5	53cc,0	571cc,5

---

1. En raison de l'importance de ces résultats, nous donnons ci-dessous, comme exemple, le détail des analyses eudiométriques du 26 juillet, faites sur les gaz de b et de b' dépouillés de leur acide carbonique par la potasse.

On a pour b :

Gaz mis dans l'eudiomètre. . . . 17.3 } Oxygène ajouté. 25.0
Après addition d'oxygène . . . . 42.3 }
Après étincelle . . . . 16.5 : Gaz disparu : 25.8 représentant { Hydrogène . . 17.2 / Oxygène . . . 8.6
Après pyrogallate de potasse . . 0.1 : Oxygène non utilisé. 16.4

Pour b' :

Gaz mis dans l'eudiomètre. . . . 17.0 } Oxygène ajouté. 25.3
Après addition d'oxygène . . . . 42.3 }
Après étincelle . . . . 17.1 : Gaz disparu : 25.2 représentant { Hydrogène . . 16.8 / Oxygène . . . 8.4
Après pyrogallate de potasse. . . 0.2 : Oxygène non employé. 16.9

Ce qui représente des traces douteuses d'azote.

Correspondant à la composition centésimale :

	Le 26 juill.	Le 27 juill.	Le 28 juill.	Le 1er août.	Gaz total.
Azote	0.00	0.00	0.28	2.05	0.25
Hydrogène.	43.55	35.00	31.26	27.86	36.57
Acide carbonique . .	56.45	65.00	68.46	70.09	63.18
	100.00	100.00	100.00	100.00	100.00

Il est possible que la grande dilution de l'azote dans l'hydrogène rende l'analyse un peu incertaine, et que son volume total soit un peu plus fort que celui que nous avons trouvé ; quoi qu'il en soit, il ne saurait être beaucoup plus élevé.

Le liquide fermenté a l'odeur butyrique, mais il est peu acide et ne renferme pas de nitrites. L'amidon n'existe plus ; ce qui n'a pas été décomposé par le *B. amylobacter* a été transformé en glucose et en dextrine par les diastases de ce ferment ; on trouve en effet :

	VOLUME du ballon.	Glucose.	Dextrine.
Dans *b*	170^{cc}	0^{gr},54	0^{gr},63
Dans *b'*	165	0 ,34	0 ,62

Ce qui correspond à 15 grammes environ d'amidon disparu par litre.

La comparaison du nitrate employé et du nitrate restant donne :

Ajouté.	200^{mg}
Restant	176 ,5
Disparu	23^{mg},5

Soit 11.7 p. 100 du sel ajouté.

Quant à l'ammoniaque, non seulement il ne s'en est pas fait, mais encore la plus grande partie de celle qui existait dans le bouillon non ensemencé a disparu. On a en effet trouvé :

	Par litre.	Pour 165^{cc} (volume de *b'*.)
Ammoniaque dans le bouillon non ensemencé.	45^{mg},9	7^{mg},6
— dans *b*	2 ,4	0 ,4
— dans *b'*	3 ,4	0 ,6

d'où l'on déduit :

Perte d'ammoniaque dans *b*	43 ,5	7 ,2
— dans *b'*	42 ,5	7 ,0
Différence en faveur du liquide nitraté	1 ,0	0 ,2

Ces derniers chiffres montrent que l'azote provenant du nitrate réduit n'a pas formé de quantité appréciable d'ammoniaque et qu'il s'est dégagé presque tout entier à l'état gazeux.

101. Si l'on compare les poids d'ammoniaque disparus dans les appareils *a* du n° 99 et *b* du n° 100 avec les volumes totaux de gaz dégagés, on trouve exactement le même rapport. On a :

	Avec *a* (glucose).	Avec *b* (amidon).	Rapport $\frac{b}{a}$.
Volume total du gaz dégagé . .	80^{cc},9	609^{cc},4	7.53
Ammoniaque absorbée par litre.	5^{mg},8	43^{mg},5	7.50

Ce résultat curieux s'explique naturellement, si l'on admet que l'énergie de la fermentation soit mesurée par le volume total du gaz dégagé, et que le ferment ait emprunté à l'ammoniaque l'azote de ses matières albuminoïdes. C'est dire, ce qui est admissible, que l'énergie de la fermentation a été proportionnelle au poids du ferment engendré.

102. 3° *Fermentation butyrique du sucre de canne.* — Enfin nous avons voulu nous placer dans les conditions des expériences de MM. Dehérain et Maquenne, et faire fermenter ensemble du sucre et du nitrate de potasse dans de la terre végétale; mais nous avons opéré avec des vases et des liquides stérilisés et avec un ferment pur.

Les appareils de fermentation qui nous ont servi jusqu'ici ne pouvaient convenir pour la terre sucrée. En effet, celle-ci, soulevée par les gaz qui se dégagent, obstrue bientôt le tube abducteur. Pour éviter cet inconvénient, nous avons adopté la modification ci-contre (fig. 17). Le ballon A est toujours soudé à un tube abducteur C et à un petit tube *t* étranglé et muni d'une bourre de coton *b* ; mais la tubulure B' est largement ouverte, pour permettre l'introduction des matières so-

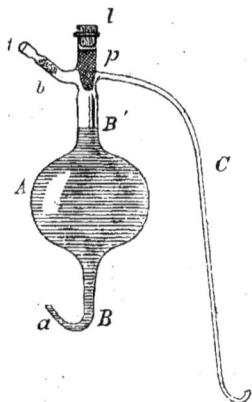

Fig. 17.

lides. Quand on a mis la terre, le sucre et le nitrate voulus dans le ballon, on introduit une sorte de corbeille en fils de platine *p*, qui doit descendre au-dessous de l'orifice du tube de dégagement, et on ferme l'ouverture avec un excellent bouchon de liège *l*. La stérilisation, puis l'introduction de l'eau et de la semence se font avec les précautions déjà décrites ; enfin, on ferme à la lampe le tube *t* et l'on mastique le bouchon de liège avec de la cire Golaz.

Si l'on redoute le passage d'une trop grande quantité de liquide dans l'éprouvette, par suite du soulèvement de la terre, on ne remplit pas complètement l'appareil ; mais alors on chasse l'air par un courant d'acide carbonique, avant de sceller le tube *t*.

103. Le 9 juillet, on met dans un de ces appareils :

Terre de jardin riche en calcaire	100^{gr}
Nitrate de potasse	0 ,50
Sucre de canne	5
Eau distillée	q. s.

Après stérilisation, on ensemence le ballon avec du *Bacillus amylobacter* jeune.

La fermentation est très active et se termine le 20.

Voici le résultat :

Azote	Traces.
Hydrogène dégagé	203^{cc},1
Acide carbonique	228 ,5
Gaz total dégagé	431^{cc},6

Composé p. 100, de :

Azote	Traces.
Hydrogène	47.06
Acide carbonique	52.94
	100.00

De l'analyse du liquide fermenté, on déduit :

Nitrate disparu	Traces.
Sucre disparu	0^{gr},76

104. L'expérience a été répétée le 30 juillet avec les mêmes poids

relatifs de terre, de sucre et de salpêtre, et elle a donné un résultat tout semblable :

Nitrate restant	494^{mg}
— disparu	6
Sucre disparu	0^{gr},75

Le gaz dégagé renfermait 147^{cc},5 d'hydrogène.

Ces essais prouvent que dans les expériences de MM. Dehérain et Maquenne la réduction du nitrate de potasse n'était pas due à l'hydrogène naissant et que leur vibrion butyrique n'était pas pur.

105. En résumé, on voit que le *Bacillus amylobacter* laisse intact le nitrate de potasse en présence du sucre, et qu'il n'en réduit qu'une faible partie en présence de l'amidon ou du glucose, bien que les liqueurs soient acides et que de l'hydrogène en excès se dégage à l'état gazeux.

Cependant, si l'on calcule la chaleur produite par la transformation du glucose [1] en acide butyrique, hydrogène et acide carbonique suivant la formule :

$$C^{12}H^{12}O^{12} = C^8H^8O^4 + 4H + 2C^2O^4$$

et par la réaction de ces corps sur le salpêtre, on trouve des nombres qui expliqueraient, théoriquement du moins, la réduction complète du nitrate de potasse.

106. Deux cas principaux peuvent se présenter :

1° L'azote nitrique se dégage, d'après la réaction :

$$AzO^5, KO + 5H = Az + 5HO + KO$$

2° L'azote nitrique se transforme en entier en ammoniaque, suivant la formule :

$$AzO^5, KO + 8H = AzH^3 + 5HO + KO$$

---

1. Avec notre microbe, il se fait aussi de l'alcool butylique et de l'alcool amylique, mais par des réactions qui ne dégagent pas d'hydrogène et qui ne peuvent avoir, ici, d'effet réducteur sur le salpêtre. Ces réactions ont pour formules :

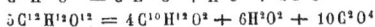

$$C^{12}H^{12}O^{12} = C^8H^{10}O^2 + H^2O^2 + 2C^2O^4$$
$$5C^{12}H^{12}O^{12} = 4C^{10}H^{12}O^2 + 6H^2O^2 + 10C^2O^4$$

Chacun de ces cas se subdivise lui-même en deux, selon que l'acide carbonique produit pendant la fermentation butyrique se dégage en liberté, ou qu'il se combine avec le carbonate alcalin pour former du bicarbonate.

$$1° \text{ } L'azote \text{ } nitrique \text{ } se \text{ } dégage.$$

a) L'acide carbonique se dégage.

L'équation de la réaction finale est :

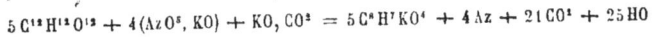

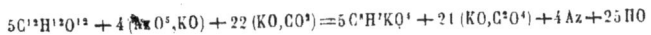

$$5\,C^{12}H^{12}O^{12} + 4(AzO^5, KO) + KO, CO^2 = 5\,C^8H^7KO^4 + 4\,Az + 21\,CO^2 + 25\,HO$$

On a, pour le calcul de la chaleur dégagée :

État initial . . . . . $5(C^{12}, H^{12}, O^{12}), 4\,Az, 20\,O, 5\,KO$ diss., CO^2 gaz.
— final. . . . . . $5\,C^8H^7KO^4$ diss., $4\,Az, 21\,CO^2$ gaz., $25\,HO$

1er Cycle.

$$5(C^{12} + H^{12} + O^{12}) = 5\,C^{12}H^{12}O^{12} \text{ diss.} \ . \ . \ . \ . \ . \quad 267° \times 5 = 1335°$$
$$4\,Az + 20\,O + 4\,KO \text{ diss.} = 4(AzO^5, KO) \text{ diss.} \ . \ . \ . \quad 28,1 \times 4 = \quad 112,4$$
$$KO \text{ diss.} + CO^2 \text{ gaz.} = KO, CO^2 \text{ diss.} \ . \ . \ . \ . \ . \ . \quad \quad \quad \quad 12,9$$
$$5\,C^{12}H^{12}O^{12}\text{ diss.} + 4(AzO^5, KO)\text{ diss} + KO, CO^2 \text{ diss.}$$
$$= 5\,C^8H^7KO^4 \text{ diss.} + 4\,Az + 21\,CO^2\text{ gaz.} + 25\,HO. \quad \quad \underline{x}$$
$$1460,3 + x$$

2e Cycle.

$$5(C^4 + H^3 + O^4) = 5\,C^8H^6O^4 \text{ diss.} \ . \ . \ . \ . \ . \ . \ . \ . \ . \quad 156 \times 5 = \quad 780$$
$$5\,C^8H^6O^4 \text{ diss.} + 5\,KO \text{ diss.} = 5\,C^8H^7KO^4 \text{ diss.} + 5\,HO \ . \quad 13,7 \times 5 = \quad 68,5$$
$$20\,H + 20\,O = 20\,HO \ . \ . \ . \ . \ . \ . \ . \ . \ . \ . \ . \ . \quad 34,5 \times 20 = \quad 690$$
$$20\,C + 40\,O = 20\,CO^2\text{ gaz.} \ . \ . \ . \ . \ . \ . \ . \ . \ . \ . \ . \quad 47 \times 20 = \quad \underline{940}$$
$$2478,5$$

d'où :

$$x = 2478,5 - 1460,3 = 1018,2$$

La chaleur dégagée est donc de :

$$\frac{1018,2}{5} = 203°,6 \text{ pour } 180 \text{ grammes de glucose}$$

et de

$$\frac{1018,2}{4} = 254,5 \text{ pour } 101 \text{ grammes de salpêtre.}$$

a') L'acide carbonique fait du bicarbonate.

L'équation de la réaction est :

$$5C^{12}H^{12}O^{12} + 4(AzO^5, KO) + 22(KO, CO^2) = 5\,C^8H^7KO^4 + 21(KO, C^2O^4) + 4\,Az + 25\,HO$$

En tenant compte du calcul précédent, on a :

$5\,C^{12}H^{12}O^{12}$ diss. $+ 4\,(Az\,O^5,\,KO)$ diss. $+ KO,\,CO^2$ diss.

$= 5\,C^8H^7KO^4$ diss. $+ 4\,Az + 21\,CO^2$ gaz. $+ 25\,HO$. . . .   1018,2

$21\,CO^2$ gaz $+$ aq. $= 21\,CO^2$ diss. . . . . $2{,}8 \times 21 =$ 58,8

$21\,(KO,\,CO^2)$ diss. $+ 21\,CO^2$ diss. $= 21\,(KO,\,C^2O^4)$ diss. . . .   21,0
——————
1098,0

ce qui fait

$$\frac{1098}{5} = 219°,6 \text{ pour } 180 \text{ grammes de glucose}$$

et

$$\frac{1098}{4} = 274,5 \text{ pour } 101 \text{ grammes de salpêtre.}$$

2° L'azote nitrique fait de l'ammoniaque.

b) L'acide carbonique se dégage.

Équation de la réaction :

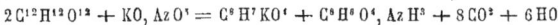

$$2\,C^{12}H^{12}O^{12} + KO,\,Az\,O^5 = C^8H^7KO^4 + C^8H^8O^4,\,Az\,H^3 + 8\,CO^2 + 6\,HO$$

Le calcul s'établit ainsi :

État initial. . . $2\,(C^{12},\,H^{12},\,O^{12}),\,Az\,O^5,\,KO$ diss.

— final. . . . $C^8H^7KO^4$ diss., $C^8H^8O^4,\,AzH^3$ diss., $8\,CO^2$ gaz., $6\,HO$

1er Cycle.

$2\,(C^{12} + H^{12} + O^{12}) = 2\,C^{12}H^{12}O^{12}$ diss. 534c

$Az + O^5 + KO$ diss. $= Az\,O^5,KO$ diss. . . . .   28 ,1

$2\,(C^{12}H^{12}O^{12})$ diss. $+ Az\,O^5,\,KO$ diss. $= C^8H^7KO^4$ diss. $+$

$C^8H^8O^4,\,Az\,H^3$ diss. $+ 8\,CO^2$ gaz. $+ 6\,HO$. . . y
——————
$562,1 + y$

2e Cycle.

$2\,(C^8 + H^8 + O^4) = 2\,C^8H^8O^4$ diss.   312

$C^8H^8O^4$ diss $+ KO$ diss. $= C^8H^7KO^4$ diss. $+ HO$ . . .   13,7

$Az + H^3 = Az\,H^3$ diss.   21

$C^8H^8O^4$ diss. $+ Az\,H^3$ diss. $= C^8H^8O^4,\,Az\,H^3$ diss. . . . .   12,4 [1]

$8\,C + 16\,O = 8\,CO^2$ gaz.   376

$5\,H + 5\,O = 5\,HO$.   172,5
——————
907,6

d'où :

$$y = 907,6 - 562,1 = 345,5$$

---

1. Ce chiffre a été déterminé, pour nous, par M. Joannis, qui a bien voulu, en outre, vérifier l'exactitude de nos calculs. Nous sommes heureux de l'en remercier publiquement.

ce qui fait

$$\frac{345,5}{2} = 172^c,7 \text{ pour 180 grammes de glucose}$$

et

$$345^c,5 \text{ pour 101 grammes de salpêtre.}$$

b') *L'acide carbonique forme du bicarbonate.*

L'équation de la réaction est :

$$2\,C^{12}H^{12}O^{12}+KO,Az\,O^5+8\,(KO,CO^2)=C^8H^7KO^4+C^8H^8O^4,Az\,H^3+8\,(KO,C^2O^4)+6HO$$

En s'appuyant sur le calcul précédent, on a :

$2\,C^{12}H^{12}O^{12}$ diss. $+$ KO, Az O^5 diss. $=$ C^{8}H^{7}CO^4 diss. $+$ C^{8}H^{8}O^4, Az H^3 diss.

$\qquad\qquad\qquad\qquad\qquad\qquad\qquad\qquad + 8\,CO^2$ gaz. $+ 6$ HO. . . 345^c,5

8 CO^2 gaz. $+$ aq. $=$ 8 CO^2 diss. . . . . 22 ,4

8 CO^2 diss. $+$ 8 (KO, CO^2) diss. $=$ 8 (KO, C^{2}O^4) diss. . . . . 8 ,0

$\qquad\qquad\qquad\qquad\qquad\qquad\qquad\qquad\qquad\qquad\qquad\qquad\qquad$ ‾‾‾‾‾

$\qquad\qquad\qquad\qquad\qquad\qquad\qquad\qquad\qquad\qquad\qquad\qquad\qquad$ 375,9

La chaleur dégagée est donc de :

$$\frac{375,9}{2} = 187^c,9 \text{ pour 180 grammes de glucose}$$

et

$$375,9 \text{ pour 101 grammes de salpêtre.}$$

107. D'après ces calculs, la chaleur dégagée par la décomposition simultanée du glucose et du nitrate de potasse, en présence du carbonate de potasse, varie :

		Moyenne.
Pour 180 grammes de glucose, entre 172^c,7 et 219^c,6 . . .		186^c,1
— 101 — de salpêtre, entre 254 ,5 et 375 ,9 . . .		315 ,2

Ainsi, il paraît possible de réduire les nitrates par la fermentation butyrique, de façon qu'il reste encore de la chaleur disponible pour le *Bacillus amylobacter*.

108. Malheureusement, on ne connaît pas les exigences thermiques de ce ferment; mais, si l'on en juge par l'expérience suivante, elles doivent être assez considérables.

Le 10 novembre, utilisant les appareils des figures 12 et 13 qui nous avaient déjà servi pour mesurer approximativement l'élévation de température due à la dénitrification, nous avons mis, avec du bouillon :

Dans le ballon B { glucose pur. , ... 20 grammes par litre.
                 { carbonate de chaux. . . 20   —

Dans le ballon B′ { amidon en empois . . . 20   —
                  { carbonate de chaux. . . 20

Dans les ballons B_1 et $B_1′$, de l'eau, pour terme de comparaison.

Après avoir ensemencé B et B′ avec une forte dose de *Bacillus amylobacter* en pleine activité, nous avons entouré les ballons de laine et porté le tout à l'étuve.

Voici le tableau des températures observées :

			Dans B.	Dans B′.	MOYENNE de B_1 et de $B_1′$
Le 10	novembre,	à 7 h. du soir.	35°,0	35°,0	35°,15
Le 11	—	{ à 11 h. du matin. . . .	33°,0	33°,0	33°,10
		} à 4 h. 30 m. du soir . .	32°,5	32°,7	32°,90
Le 12	—	à 5 h. du soir.	32°,0	32°,3	32°,10
Le 13	—	à 9 h. du matin. . . .	32°,0	32°,2	32°,15
Le 14	—	à 3 h. du soir	32°,3	32°,7	32°,70
Le 15	—	à 3 h. du soir	32°,8	33°,0	33°,10

La fermentation a produit beaucoup de mousse et de gaz ; tout le glucose et tout l'amidon ont disparu ; et, malgré cela, il n'y a pas eu la plus légère augmentation de température.

109. Si l'on cherche par le calcul la chaleur théorique dégagée par la formation d'acide butyrique[1] en présence du carbonate de chaux, suivant l'équation :

$$C^{12}H^{12}O^{12} + CaO,CO^2 = C^8H^7CaO^4 + 4H + 5CO^2 + HO$$

on a :

État initial . . . . . . $C^{12}, H^{12}, O^{12}, CaO$ diss., CO^2 gaz.
  — final. . . . . . . $C^8H^7CaO^4$ diss., $4H, 5CO^2$ gaz., HO.

1ᵉʳ *Cycle.*

$C^{12} + H^{12} + O^{12} = C^{12}H^{12}O^{12}$ diss. 267ᶜ
CaO diss. + CO^2 gaz. = CaO, CO^2. . . . . 12 ,6
$C^{12}H^{12}O^{12}$ diss. + $CaO,CO^2 = C^8H^7CaO^4$ diss. + $4H + 5CO^2$ gaz. + HO. x

                                                              279,6 + x

---

1. La formation d'alcool butylique et d'alcool amylique dégage des quantités de chaleur peu différentes de celle-là.

2e *Cycle.*

$$C^8 + H^8 + O^4 = C^8H^8O^4\,diss. \dots \dots \dots \quad 156$$
$$C^8H^8O^4\,diss. + CaO\,diss. = C^8H^7CaO^4\,diss. + HO. \quad 15,1^1$$
$$4C + 8O = 4CO^2\,gaz. \dots \dots \dots \dots \quad 188$$
$$\overline{\qquad 359,1}$$

d'où :

$$x = 359,1 - 279,6 = 79^c,5$$

Ainsi, 180 grammes de glucose dégagent $79^c,5$ et 20 grammes en dégagent 8,8.

Par conséquent, s'il n'y avait aucune cause de déperdition, et si le phénomène était instantané, le thermomètre aurait accusé dans l'expérience précédente une température supérieure de 8° à 9° à celle des ballons témoins.

110. Le rapprochement de cette expérience et de celle de la page 61, où la réduction de 10 grammes seulement par litre de nitrate de potasse a produit, dans des conditions semblables, un excès de température de 5°45, montre qu'ici l'absence de chaleur *sensible* n'est due ni aux pertes par rayonnement ou par conductibilité, ni à la durée de la fermentation. Il est vraisemblable que le *Bacillus amylobacter* a absorbé, pour son propre développement, la presque totalité de la chaleur mise en liberté par la décomposition du glucose.

S'il en est ainsi, l'énergie disponible doit être d'autant plus faible que la fermentation est plus active, ou, ce qui est corrélatif, que le ferment se multiplie plus abondamment. Si donc on ajoute du salpêtre à la liqueur, la proportion de sel réduit sera, en quelque sorte, proportionnelle à la gêne du microbe et à la lenteur de la fermentation butyrique. Or, c'est précisément ce qui est arrivé dans nos expériences : avec le glucose, qui n'a donné que 80 centimètres cubes environ de gaz, nous avons eu $52^{mgr},5$ de nitrate de potasse décomposé, tandis qu'avec l'amidon, qui a dégagé $600^{cc},9$ de gaz, il n'y a eu que $23^{mgr},5$ de sel réduit. Bien plus, avec l'amidon, l'azote n'est apparu, en proportion bien dosable, qu'à la fin de la fermentation, lorsque le microbe était déjà vieux et usé.

---

1. Ce nombre a été également déterminé par M. Joannis.

111. Nous venons de montrer comment de l'hydrogène, réputé *à l'état naissant*, peut, dans certains cas, rester sans action sur une dissolution de nitrate alcalin ; les exigences de la vie du *Bacillus amylobacter* l'avaient dépouillé de son énergie disponible et transformé en hydrogène *ordinaire*.

Ce travail de réduction, que n'a pu faire notre ferment butyrique, pourra être exécuté par d'autres ferments, s'ils produisent assez de chaleur, d'abord pour les faire vivre, et ensuite pour restituer aux nitrates toute leur chaleur de formation.

112. Il résulte de tout ce qui précède, que la réduction des nitrates par le *Bacterium denitrificans* ne se présente ni comme une fermentation proprement dite, analogue à la fermentation alcoolique, ni comme une fermentation secondaire, rappelant l'hydrogénation du soufre dans les expériences de M. Miquel.

C'est en réalité un nouveau type de fermentations ne pouvant s'accomplir que par le concours simultané de plusieurs réactions chimiques. La dénitrification nous fournit, en outre, un exemple remarquable de combustions énergiques, produites à l'abri de l'oxygène de l'air.

CHAPITRE IV

Applications agricoles.

113. L'étude de la réduction des nitrates dans le sol n'a été abordée avec fruit que par M. Th. Schlœsing, en 1873[1]. Dans deux expériences successives, le savant directeur de l'École d'application des Manufactures de l'État mit dans de grands flacons de la terre calcaire, riche en principes humiques, avec de l'azotate de potasse, à la dose de 7gr,5 de sel pour 12 kilogrammes environ de terre.

---

1. *C. R.*, t. LXXVII, p. 353. 1873. — Consulter aussi, sur ces matières, le chapitre fort intéressant que M. Grandeau a consacré à l'origine et aux sources de l'azote des végétaux dans le premier volume de son Cours d'Agriculture de l'*École forestière : Nutrition de la plante,* 1879.

Il y eut d'abord diminution de pression dans les premiers jours, puis formation et dégagement d'un mélange d'azote et d'acide carbonique. En dosant, à la fin de l'expérience, le volume d'azote produit, il trouva que la terre avait perdu non seulement tout l'azote du nitrate, mais encore une partie de celui de la matière organique azotée. Tout le nitre avait disparu. Il y avait eu, en outre, production d'ammoniaque, mais en proportion non équivalente au nitrate réduit.

114. Ces résultats confirmaient une expérience précédente où M. Schlœsing, étudiant l'influence de la proportion d'oxygène sur la nitrification dans une atmosphère confinée, avait montré qu'à la limite, lorsque la proportion d'oxygène est nulle, le sol devient un milieu réducteur et que, loin de faire des nitrates, il décompose ceux qu'il renfermait déjà [1].

M. Schlœsing, dont l'attention n'avait pas encore été appelée sur le rôle des infiniment petits, attribuait la destruction de l'acide nitrique à l'action réductrice de la matière organique.

115. Depuis lors, en 1877 [2], MM. Th. Schlœsing et Müntz ont établi que la nitrification n'est point un simple phénomène chimique, mais bien une oxydation corrélative de la présence, du développement et de la multiplication de certains microorganismes aérobies ; les recherches de M. R. Warrington ont confirmé, dès 1878 [3], celles de MM. Schlœsing et Müntz.

Il était naturel de supposer que la réaction inverse de la nitrification, savoir la réduction des nitrates dans le sol, déjà observée par M. Schlœsing, serait aussi un phénomène physiologique. C'est cette remarque qui a été le point de départ de nos recherches.

116. Notre première expérience sur la terre fut commencée le 10 juillet 1882. Du terreau de jardin, mélangé avec un poids égal de pierre ponce calcinée, fut mis dans deux allonges en verre a et b, parcourues de bas en haut par un courant d'azote, tandis que de l'eau d'égout nitratée à 100 milligrammes par litre et stérilisée tombait goutte à goutte à la surface du terreau.

1. *C. R.*, t. LXXVII, p. 203. 1873.
2. *C. R.*, t. LXXXIV, p. 301.
3. *Journal of the Chemical Socie'y*, janvier 1878, p. 44.

Le tableau ci-dessous donne les volumes de bioxyde d'azote dégagé en présence du protochlorure de fer et de l'acide chlorhydrique, par le nitrate contenu dans l'eau sortant des allonges. Le dosage a été fait chaque fois sur 50 centimètres cubes de liquide préalablement concentré par la chaleur :

	a.	b.
Le 11	$1^{cc},2$	$0^{cc},7$
Le 13	0 ,9	1 ,1
Le 16	0 ,7	0 ,7
Le 17	0 ,6	0 ,7
Le 18	0 ,3	0 ,7
Le 19	0 ,4	0 ,4
Le 20	0 ,2	0 ,2
Le 24	0 ,0	0 ,0
Le 26	0 ,1	0 ,3
	$4^{cc},4$	$4^{cc},8$

Correspondant à :

Nitrate de potasse . . . . 20^{mgr} 22^{mgr}

Le volume total du liquide recueilli étant de 450 centimètres cubes, on aurait dû avoir 45 milligrammes de nitrate ; la perte est donc

Pour a . . . . de 25^{mgr}
— b 23
Moyenne. . . . . 24^{mgr}

Soit 53 p. 100.

Ce chiffre est un minimum, parce que le nitrate préexistant dans le terreau n'a pas été déterminé.

Cette expérience laisse à désirer, puisque le terreau n'a été ni stérilisé, ni ensemencé ; elle montre cependant que la terre végétale renferme normalement les germes de microbes dénitrifiants, et que ceux-ci évoluent dès qu'on les confine dans une atmosphère privée d'oxygène libre [1]. On les voit facilement au microscope dans l'eau

---

1. Le 20 juillet, l'expérience prouvait déjà qu'il y avait eu dénitrification. Nous communiquâmes le fait, pour prendre date, à la Société des sciences physiques et naturelles de Bordeaux. (Séance du 20 juillet 1882, 2ᵉ série, t. V, p. xxxi.)

qui s'écoule des allonges et l'on constate qu'ils ont les formes les plus variées.

117. Le nombre des organismes contenus dans le sol étant considérable, et leurs propriétés très différentes, il était nécessaire d'opérer avec des microbes purs. Nous avons pris pour type le *B. denitrificans* α dont l'étude a été faite dans les chapitres précédents, et nous l'avons fait agir sur de la terre nitratée seule ou additionnée de matières hydrocarbonées.

118. Le 13 janvier, on remplit des ballons à long col de 500 centimètres cubes environ de capacité avec de la terre de jardin, calcaire, riche en humus et intimement mélangée avec du salpêtre. On ferme ces ballons à la lampe ; on les stérilise et, après refroidissement, on ajoute de la semence prise dans une culture récente.

Les ballons *a* et *a'* renferment 1 gramme de salpêtre par kilogramme de terre.

Les ballons *b* et *b'* renferment 10 grammes de salpêtre par kilogramme de terre.

a' et *b'* sont seuls ensemencés ; *a* et *b* doivent servir de termes de comparaison ; ils sont placés tous les quatre dans une étuve à 35°.

Le 23 janvier, on met fin à l'expérience et on dose les nitrates. On trouve :

Nitrate restant dans *a*	1^{gr}	par kilogr.
— — dans *a'*	0 ,727	—
— disparu dans *a'*	0^{gr},273	par kilogr.
Proportion de sel réduit dans *a'*	27.3 p. 100.	
Nitrate restant dans *b*	10^{gr}	par kilogr.
— — dans *b'*	8 ,571	—
— disparu dans *b'*	1 ,429	par kilogr.
Proportion de sel réduit dans *b'*	14.3 p. 100.	

Ainsi, en dix jours seulement, le microbe a décomposé une quantité très importante de sel, bien qu'il ait trouvé de mauvaises conditions de développement dans une terre peu humide. Si l'on facilite sa multiplication en ajoutant à la terre, soit de l'eau distillée, soit de l'eau sucrée, la dénitrification est beaucoup plus rapide.

119. En même temps que les ballons précédents, on a ensemencé avec le même microbe les ballons suivants qui renfermaient :

a_1 de la terre nitratée à 1 gramme par kilogramme + eau distillée.
a_2 —   à 1 —   —   + eau sucrée à 5 p. 100.
b_1 —   à 10 —.   —   + eau distillée.
b_2 —   à 10 —   —.   + eau sucrée 5 p. 100.

Le 15, couronne de bulles à la surface des liquides dans les quatre ballons.

Par la fermentation, la terre a été soulevée dans tous ; avec l'eau sucrée, la mousse a été plus abondante qu'avec l'eau distillée.

Le 16, tout le nitrate est décomposé dans a_2 ;

Le 18, tout le nitrate a disparu dans a_1 ;

Le 23, on met fin à l'expérience et l'on dose les nitrates ; on obtient par kilogramme de terre :

	NITRATE		Dénitrification.
	restant.	disparu.	
	—	—	P. 100.
Dans a_1	Néant.	1^{gr}	100.0
— a_2	Néant.	1	100.0
— b_1	$6^{gr},992$	3 ,008	30.1
— b_2	Néant.	10	100.0

120. Si l'on rapproche ces résultats de ceux trouvés avec la terre seule (118), on voit que, toutes choses égales d'ailleurs, la décomposition du salpêtre a été plus rapide avec l'eau distillée qu'avec la terre seule, plus rapide aussi avec l'eau sucrée qu'avec l'eau distillée. L'examen microscopique montre d'ailleurs que le développement du microbe, son abondance et sa jeunesse sont en relation directe avec l'énergie de la réduction.

Le dosage des nitrates dans la terre non ensemencée montre en outre que, pendant la durée de l'expérience, les matières organiques n'ont pas réduit le nitrate en l'absence des microbes.

121. Dans l'expérience que nous venons de résumer, nous n'avons pas fait l'analyse quantitative du gaz dégagé, nous avons simplement vérifié qu'il était composé d'acide carbonique et d'azote.

Pour avoir sa composition exacte et une fermentation rapide, nous avons employé l'appareil décrit page 77 (fig. 17).

Le 9 juillet, on y a stérilisé :

Terre de jardin, calcaire.	100^{gr}
Nitrate de potasse	0 ,50
Sucre de canne	5
Eau distillée.	q. s.

L'ensemencement a été fait avec du *B. denitrificans* α, provenant d'une culture récente. La température du bain-marie était de 35°.

La fermentation a été terminée le 20.

Le gaz dégagé est formé de :

Azote.	48^{cc},1
Acide carbonique	7 ,9
	56 ,0

correspondant à la composition centésimale :

Azote.	85.84
Acide carbonique	14.16
	100.00

On a en outre :

Nitrate disparu.	0^{gr},314, soit 62.8 p. 100.
Sucre —	Traces.

Le nitrate décomposé aurait dû donner 44 centimètres cubes d'azote, au lieu de 48, volume trouvé.

Cette différence est du même ordre que celle que nous avons constatée dans l'étude de la dénitrification dans les bouillons de culture. Elle est en relation, comme on l'a vu, avec la formation d'une certaine quantité d'ammoniaque aux dépens de la matière organique azotée.

122. Le 30 juillet, on a répété l'expérience avec les mêmes poids relatifs de terre, de salpêtre et de sucre ; cinq jours après, le 4 août, il avait disparu 0^{gr},325 de salpêtre, soit 65 p. 100 du sel employé.

Ces deux essais, rapprochés de ceux des pages 77 et 78, montrent qu'en se plaçant dans les conditions des expériences de MM. Dehérain et Maquenne, notre *B. denitrificans* peut réaliser ce que n'a pu faire le *Bacillus amylobacter*.

123. Les conditions expérimentales réalisées ci-dessus ne permettent pas de faire circuler des gaz dans la terre végétale et de rechercher l'influence de l'oxygène sur le microbe dénitrifiant.

Pour résoudre ce problème, et nous rapprocher en même temps davantage des conditions dans lesquelles fonctionnerait ledit microbe, s'il existait seul dans un sol arable humide, nous avons disposé l'appareil de la figure 18 :

La partie essentielle de cet appareil, représentée en triple à gauche de la figure, comprend : un gros tube vertical A, contenant la terre, un réservoir R, où se trouve le liquide nitraté, le récipient B, destiné à recueillir les liquides s'écoulant du tube A.

Le tube A s'engage à la partie inférieure dans un excellent bouchon de liège qui ferme l'orifice du récipient B ; il porte à sa partie supérieure un tube recourbé vers le bas et effilé en pointe a, et un tube b, muni d'une bourre de coton et relié par un tube de caoutchouc à un petit barboteur D. Le réservoir R, à robinet r, est un cylindre divisé en parties d'égales capacités, comme celui de la figure 16 ; il est fermé en haut par un bouchon conique à recouvrement garni de coton. Son extrémité inférieure pénètre dans la partie supérieure de A ; un tube de caoutchouc rend la fermeture hermétique. Le récipient B est fait avec un ballon dont le fond est soudé à un tube en S effilé o et dont le col porte une tubulure latérale b_1, munie aussi d'une bourre de coton et reliée par un tube de caoutchouc à un tube barboteur E contenant de l'eau distillée pour saturer les gaz d'humidité. Le tube plongeant du barboteur est réuni, par l'intermédiaire du robinet r_1, à une canalisation de gaz.

Dans la figure, les récipients A et A' communiquent avec un appareil à acide carbonique, A" avec une trompe à air.

Ces trois appareils semblables, placés parallèlement sur un support en bois S, sont déposés à l'intérieur d'une grande étuve en bois dont la double paroi est représentée en C.

L'acide carbonique est produit dans un grand flacon bitubulé F, par la réaction de l'acide chlorhydrique étendu sur le marbre. Pour que le courant soit lent et puisse durer plusieurs jours, on fait tomber goutte à goutte l'acide chlorhydrique du flacon de Mariotte H dans le tube à entonnoir G. Le gaz dégagé passe dans un barboteur

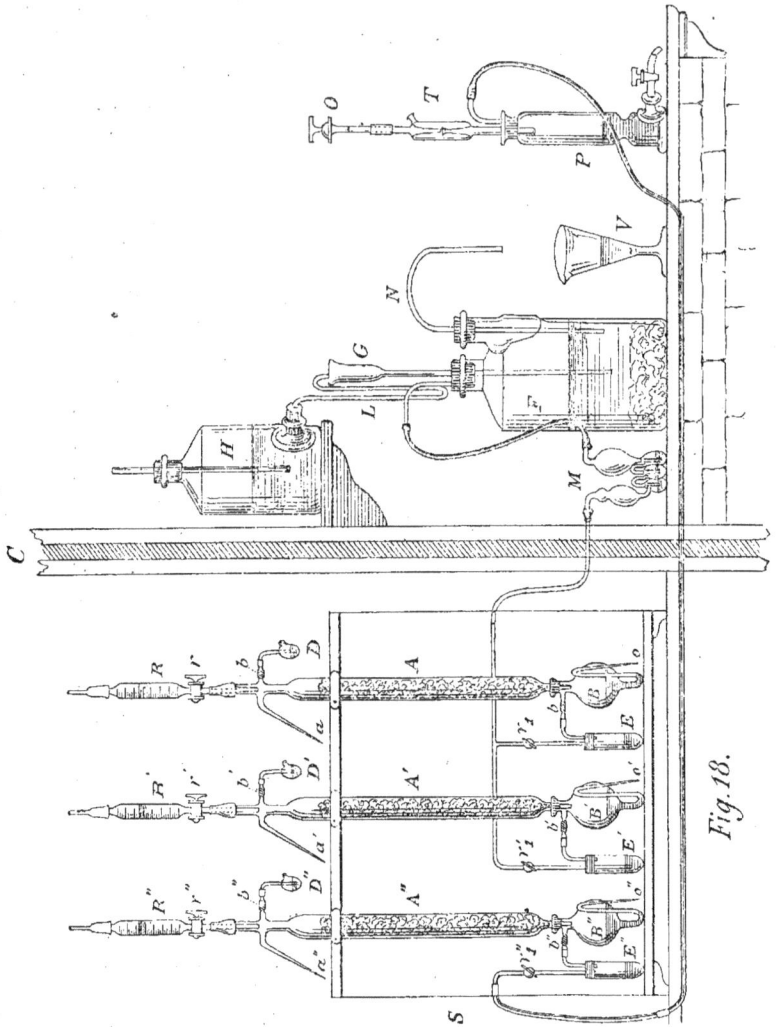

Fig.18.

M avant de se rendre dans les appareils A et A'. Malgré la lenteur de la réaction, le flacon F finit par se remplir d'une solution concentrée de chlorure de calcium. Pour l'enlever, on ferme un instant les robinets r_1 et r_1' ; le gaz carbonique comprime le chlorure de calcium et le chasse par le siphon N dans un verre V ; on rétablit l'état primitif en rouvrant les robinets r_1 et r_1'.

Le courant d'air est fourni par une trompe à vide T transformée en petite soufflerie à l'aide d'une éprouvette P. L'eau venant du robinet O s'écoule par la tubulure inférieure de l'éprouvette.

Le flacon producteur d'acide carbonique et la trompe soufflante sont extérieurs à l'étuve.

124. Cela posé, il est facile de voir comment circulent les gaz dans nos appareils. L'acide carbonique arrive, par exemple, dans le barboteur E, où l'écoulement est réglé à l'aide du robinet r_1 ; puis il pénètre dans le réservoir B, dont le tube o est fermé à la lampe ; s'élève dans la colonne A à travers la terre végétale et s'échappe à l'extérieur par le barboteur D, la pointe a étant aussi fermée à la lampe.

Si le robinet r est ouvert, le liquide de R s'écoule et tombe à la surface de la terre ; en descendant, il imprègne celle-ci, se divise à l'infini, reçoit l'action du courant ascendant de gaz et arrive enfin en B, où il s'accumule.

Pour extraire ce liquide à un moment donné sans démonter l'appareil, on ferme le robinet r, on brise la pointe o et l'on bouche avec le doigt l'orifice du barboteur D ; le gaz continuant à arriver s'accumule en B et force le liquide à sortir par o ; on le recueille dans un verre. On remet les choses dans l'état primitif en retirant le doigt et scellant de nouveau à la lampe l'effilure o.

125. Toutes ces manipulations n'ont d'intérêt que si on peut les appliquer à l'étude d'un être vivant unique et maintenu pur pendant toute la durée de l'expérience. Il faut pour cela que l'appareil puisse être stérilisé dans toutes ses parties, que la semence pure puisse y être introduite, que le gaz soit purifié avant d'agir, et enfin que le liquide nitraté ne soit jamais souillé de germes étrangers.

Ces conditions sont toutes réalisables.

Et d'abord, l'ensemble A, B, R peut être stérilisé en entier dans un autoclave [1], à la condition de fermer les orifices *o* et *a*. Pendant le refroidissement, l'air extérieur ne peut pénétrer que par les tubulures *b, b₁* et par le bouchon conique de R ; partout il se purifie sur du coton calciné. Si les dimensions de cet appareil sont trop grandes pour l'autoclave dont on dispose, on peut le démonter en ses trois parties, en envelopper les extrémités ouvertes avec une épaisse couche de ouate, et les stériliser isolément. Il faudra seulement prendre plus de précautions pour les relier ensuite les unes aux autres. Il faut remarquer que la stérilisation de la terre est une opération difficile qui exige l'action prolongée d'une température élevée.

Quand l'appareil stérilisé est fixé sur son support, on le réunit par un tube de caoutchouc au barboteur E. Pour l'ensemencement, on ferme r_1 et on introduit la tubulure *a*, ouverte avec les précautions habituelles, dans le vase contenant la semence ; puis on aspire doucement par l'orifice du barboteur D, au moyen d'un caoutchouc, si cela est nécessaire. On retire ensuite le vase ; on flambe la tubulure *a* et on la scelle à la lampe.

Quant au liquide nitraté, on le prélève avec une pipette flambée dans le ballon où il a été stérilisé, et on le transporte en R, avec les précautions connues.

Enfin, le gaz carbonique et l'air sont purifiés, avant leur entrée dans l'appareil, par les bourres de coton b_1, b_1' et b_1''.

En résumé, le dispositif que nous venons de décrire avec détail est d'une manipulation sûre et d'un emploi avantageux pour l'étude physiologique des microbes aérobies ou anaérobies, toutes les fois qu'il y a intérêt à multiplier les surfaces de contact d'un liquide de culture et d'un gaz déterminé. Nous l'avons appliqué à la dénitrification et à la nitrification. Nous ne parlerons ici que des phénomènes de réduction obtenus avec le *B. denitrificans* α.

126. Voici comment nous procédons : les tubes A, A', A'' reçoivent chacun 70 grammes d'une bonne terre de jardin, calcaire. La terre, préalablement séchée à l'air libre, est tamisée et l'on ne retient que les grains ayant de 2 à 3 millimètres environ de diamètre. Ces

---

1. La stérilisation dans un poêle à gaz est à peu près impossible quand A est garni de terre.

dimensions sont convenables pour que liquides et gaz circulant en sens contraire se trouvent en contact sur une grande surface, et pour que la terre ne se tasse pas par l'imbibition. On empêche tout entraînement de matières solides dans les ballons inférieurs en faisant reposer la terre sur une couche de gros grains de carbonate de chaux et ceux-ci sur des fragments de verre.

Après stérilisation de tout l'appareil, on met dans les réservoirs supérieurs R, R', R″ de l'eau distillée tenant en dissolution 1 gramme par litre de nitrate de potasse, et dans ceux des ballons B, B', B″ qui doivent recevoir des liquides fermentés, un volume connu d'une solution étendue de sulfate de cuivre ou de tout autre antiseptique. Cette précaution est indispensable pour empêcher que le nitrate non réduit par la terre ne le soit ultérieurement par les organismes entraînés avec le liquide dans les ballons.

Si l'un des appareils n'est pas ensemencé, on ne met pas d'antiseptique dans le ballon correspondant ; l'absence de microbes dans le liquide écoulé est la preuve que la stérilisation avait été bien faite.

127. Le 24 juin, tout étant préparé comme on vient de le dire, on ensemence A et A″ avec du *B. denitrificans* α jeune, et l'on fait circuler de l'acide carbonique dans A et A', de l'air dans A″ ; le tube A' non ensemencé doit servir de terme de comparaison. La température de l'étuve est de 35°.

A partir de l'ensemencement, on fait écouler dans chaque appareil :

Le 24 juin.	10^{cc}	de liquide nitraté.
Le 25 —.	5	—
Du 25 juin au 8 juillet : $2^{cc},5$ par jour, soit	32 ,5	—
Total.	$47^{cc},5$	

Le 8 juillet, on met fin à l'expérience. Les poids de nitrate trouvé dans les liquides écoulés sont :

Dans A	$46^{mgr},8$
— A'.	79 ,2
— A″.	81. ,5

On voit tout de suite qu'il y a eu perte de nitrate dans A, et que la présence de l'oxygène n'a point déterminé une nitrification sensible dans A″. En prenant la moyenne des nombres obtenus avec A′ et A″, on aura le poids de sel entraîné en dissolution, celui auquel il faut comparer $46^{mm},8$ pour connaître le poids exact de nitrate réduit, ce qui donne :

$$
\begin{array}{lr}
\text{Moyenne de A′ et de A″} \dots\dots\dots & 80^{mgr},3 \\
\text{Nitrate de A} \dots\dots\dots\dots\dots & 46\ ,8 \\
\hline
\text{Nitrate réduit} \dots\dots\dots & 33^{mgr},5
\end{array}
$$

Soit 41 p. 100 du nitrate total, et 480 milligrammes environ par kilogramme de terre.

Dans une autre expérience, au bout de quatre jours, du 17 au 20 juin, la proportion de nitrate décomposé dans la terre a été de 19 p. 100.

128. Il résulte de ces expériences et de celles de la page 88 que le *B. denitrificans* α réduit les nitrates alcalins dans une terre végétale riche en humus, sans qu'il soit nécessaire de lui ajouter des substances étrangères telles que du sucre ou du glucose. Les matières organiques de la terre suffisent donc à la nutrition du microbe et leur carbone peut être brûlé par l'oxygène de l'acide nitrique.

129. Que ce microbe, ou le *B. denitrificans* β, ou tout autre semblable, se soit développé dans les expériences de M. Th. Schlœsing sur la réduction des nitrates dans le sol, et l'on comprendra que la terre ait perdu, comme dans nos bouillons de culture, non seulement tout l'azote de son nitrate, mais encore une partie de celui de ses matières organiques azotées.

130. On comprendra également que l'ammoniaque formée ne fût pas en proportion équivalente au nitrate réduit, puisque nos expériences nous ont donné :

Pour le *B. denitrificans* α (page 46).

$$
\begin{array}{lr}
\text{Ammoniaque correspondant à 1 gramme de nitre} \dots & 168^{mgr},3 \\
\text{—\quad formée pendant la réduction} \dots\dots & 45\ ,1 \\
\text{Proportion d'ammoniaque formée} \dots\dots\dots & 26.8 \text{ p. } 100
\end{array}
$$

Et pour le *B. denitrificans* β (page 50) :

$$
\begin{array}{lr}
\text{Ammoniaque correspondant à } 1^{gr},285 \text{ de nitrate} \dots & 216^{mgr},2 \\
\text{—\quad formée pendant la réaction} \dots\dots & 25\ ,4 \\
\text{Proportion d'ammoniaque formée} \dots\dots\dots & 11.7 \text{ p. } 100.
\end{array}
$$

Or, M. Schlœsing a trouvé dans ses deux essais :

	I.	II.
Ammoniaque correspondant au nitrate employé .	1528^{mgr}	1262^{mgr},0
— formée pendant la réaction. . . .	101	192 ,7
Proportion d'ammoniaque formée.	6,6 p. 100.	15,3 p. 100.

L'un de nos nombres est précisément compris entre ceux de M. Schlœsing.

131. La proportion d'ammoniaque formée pendant la dénitrification dépend donc de la nature du microbe et sans nul doute aussi de la composition des matières azotées du sol.

Il est probable que l'origine de cette ammoniaque varie avec les propriétés physiologiques des organismes réducteurs qui vivent dans la terre végétale, et que son azote peut être emprunté soit à l'acide nitrique, soit aux substances organiques azotées. Dans le premier cas, les nitrates ne sont pas détruits en pure perte et sans aucune compensation; dans le second, l'azote organique devient soluble et plus aisément assimilable par les racines des végétaux.

132. La décomposition des nitrates employés comme engrais, ou formés par nitrification spontanée, n'est pas à redouter dans une terre en bonne culture, labourée souvent, meuble et bien aérée, car l'oxygène y pénètre assez profondément pour empêcher les microbes anaérobies de se développer et d'exercer leur fâcheuse influence réductrice.

Mais si la terre est recouverte d'eau ou simplement imprégnée d'humidité, l'air n'y circule plus librement, et les phénomènes de réduction ne tardent pas à apparaître, surtout à la température de l'été. La nature du sol, sa composition chimique, les germes qu'il renferme, influent naturellement sur la rapidité et sur la nature de la réaction.

133. Dans ces conditions, la réduction de l'acide nitrique s'arrête souvent à son premier degré, c'est-à-dire à la formation d'acide nitreux; aussi trouve-t-on presque toujours des nitrites dans les terres humides.

Par les temps secs, la proportion d'acide nitreux va en diminuant à mesure qu'on se rapproche de la surface du terrain; mais ce

n'est point, comme le pense le colonel Chabrier, parce que « les « nitrites en dissolution dans l'humidité terrestre sont attirés à la « surface du sol par la capillarité et qu'ils s'y convertissent, au moins « partiellement, en nitrates [1] » ; c'est simplement parce que la dessiccation facilite l'accès de l'oxygène dans des couches de plus en plus profondes où les formes aérobies peuvent seules vivre et déterminer des phénomènes d'oxydation. M. Chabrier en donne lui-même la preuve : « Les nitrites, dit-il, au contact de la terre, ne subsistent « qu'à la faveur d'un grand excès d'eau », c'est-à-dire dans les points où l'air ne peut arriver.

134. En résumé, l'étude que nous venons de faire, bien qu'elle ne s'applique qu'à quelques microbes particuliers, démontre que la réduction des nitrates dans les sols est un phénomène corrélatif de la présence, du développement et de la multiplication d'organismes microscopiques pouvant vivre sans oxygène libre.

La connaissance des faits contenus dans ce mémoire devrait toujours guider l'agriculteur dans l'emploi des nitrates comme matières fertilisantes du sol. En se rappelant que ces engrais se décomposent dans les milieux non aérés, il éviterait de les appliquer sur des terres trop compactes ou trop humides.

Résumé et conclusions.

1° Nous avons démontré que la destruction des nitrates, dans les liquides de culture et dans la terre végétale, quel que soit le degré de réduction, n'est point un simple phénomène chimique, mais qu'elle est corrélative de la présence, du développement et de la multiplication des infiniment petits. Elle exige des milieux contenant des matières organiques.

2° Indépendamment des microbes qui ne font que transformer les nitrates en nitrites, nous avons isolé à l'état de pureté deux Bactéries dénitrifiantes (*Bacterium denitrificans* α et β) et étudié spécialement les propriétés de l'une d'elles, en insistant sur son aspect, son

---

1. *Annales de chimie et de physique*, 5e série, t. XXIII, p. 161. 1871.

mode de développement, les milieux qui lui conviennent, et sur les circonstances qui favorisent son activité et ses propriétés réductrices.

3° Nos deux microbes se multiplient avec la même facilité dans les bouillons de viande et dans le liquide artificiel suivant :

Nitrate de potasse.	$10^{gr},00$
Acide citrique.	7 00
Asparagine.	5 00
Phosphate de potasse	5 00
Sulfate de magnésie	5 00
Chlorure de calcium cristallisé.	0 50
Sulfate de protoxyde de fer	0 05
Sulfate d'alumine	0 02
Silicate de soude	0 02
Ammoniaque, pour neutraliser	q. s.
Eau, pour compléter le volume à.	1000^{cc}

4° Les vapeurs de mercure nuisent au développement des *Bacterium denitrificans,* tandis que l'acide salicylique et l'acide phénique sont sans action antiseptique sur ces deux organismes.

5° Nous avons montré que, suivant la composition du milieu nutritif, l'azote de l'acide nitrique se dégage seul ou mélangé à du protoxyde d'azote. La température, la concentration des liqueurs, la quantité de semence font varier la proportion de protoxyde d'azote.

6° L'oxygène de l'acide nitrique, qui ne reste pas combiné avec l'azote dans le protoxyde, brûle le carbone de la matière organique, et donne de l'acide carbonique qui se dissout en grande partie à l'état de bicarbonate de potasse.

7° Si la matière organique est azotée, comme dans le bouillon de viande, il y a formation d'ammoniaque et dégagement d'un léger excès de gaz azote qui s'ajoute à celui du nitrate.

8° Les résultats obtenus dans les liquides de culture ont été étendus à la terre végétale. Cette application rend compte, non seulement des phénomènes de dénitrification constatés dans le sol, mais encore de toutes les particularités signalées par M. Th. Schlœsing.

9° En cherchant à nous rendre compte du mécanisme de la dénitrification par les *B. denitrificans,* nous avons été amenés à étudier l'action de l'hydrogène naissant sur les nitrates. Nous avons montré que le *Bacillus amylobacter* peut dégager de grandes quantités d'hydrogène dans la fermentation butyrique du sucre, du glucose ou de l'amidon, et néanmoins ne réduire que de très petites quantités de nitrate de potasse.

10° Nous pensons que la différence d'énergie réductrice de ces divers organismes est due à la quantité totale de chaleur mise à leur disposition par l'ensemble des réactions chimiques, et surtout à la différence de leurs exigences thermiques, lorsqu'ils jouent le rôle de ferments.

11° La décomposition des nitrates par le *B. denitrificans* n'est ni une fermentation proprement dite, ni un phénomène secondaire, c'est une combustion des matières organiques par l'oxygène nitrique, produite avec dégagement d'une grande quantité de chaleur.

C'est le type de fermentations qui ne peuvent s'accomplir que par le concours simultané de plusieurs réactions chimiques.

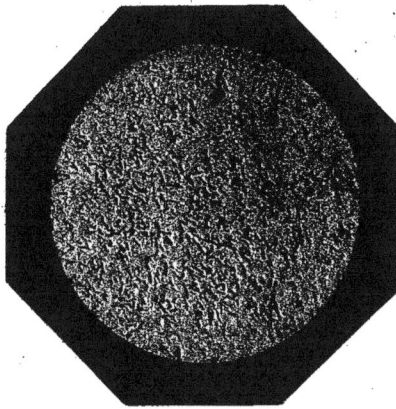

Fig. 1. — BACTERIUM DENITRIFICANS etc., $G = \frac{800}{1}$
d'après une photographie de M. Schuster

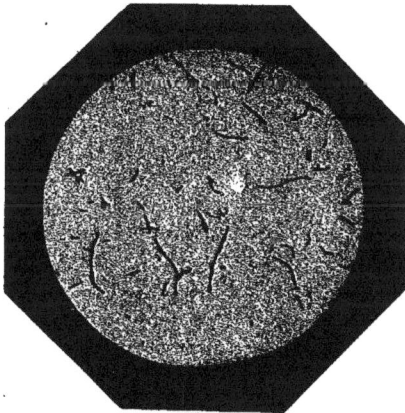

Fig. 2. — BACILLUS AMYLOBACTER. $G = \frac{800}{1}$
d'après une photographie de M. Schuster

www.ingramcontent.com/pod-product-compliance
Lightning Source LLC
Chambersburg PA
CBHW071458200326
41519CB00019B/5788